W0275200

K.-H. KÄRCHER

AKTUELLE PROBLEME DER KLINISCHEN STRAHLENBIOLOGIE

Aktuelle Probleme der klinischen Strahlenbiologie

Von

o. ö. Prof. Dr. K.-H. Kärcher

Vorstand der Strahlentherapeutischen Klinik
und des Instituts für klinische Strahlenbiologie der
Universität Wien

Mit 95 Textabbildungen, davon 5 farbige

Springer-Verlag Berlin Heidelberg New York 1970

ISBN-13:978-3-642-80576-9 e-ISBN-13:978-3-642-80575-2
DOI: 10.1007/978-3-642-80575-2

Inhaltsverzeichnis

A. Das Dosis-Zeit-Problem
Dosierung und Fraktionierung — noch im Fluß?

I. Historische Einleitung 1

II. Neuere Forschungsergebnisse 2

III. Ergebnisse eigener experimenteller Untersuchungen und klinischer Beobachtungen 5
1. Strahlenwirkung auf die Zelle und die Zellkinetik (zit. nach M. Andreeff) 5
2. Mechanismus der Strahlenwirkung auf Nukleinsäuren 8
3. Eigene experimentelle Untersuchungen 8

IV. Klinische Beobachtungen und Erfahrungen mit verschiedener Dosierung und Fraktionierung 19

V. Diskussion 23

Literatur 24

B. Die Bindegewebsforschung in der Radiotherapie.
Die Veränderung des Bindegewebsstoffwechsels durch Geschwulstwachstum, ionisierende Strahlen und antiphlogistische Pharmaka

I. Einleitung 29

II. Die Reaktion des Bindegewebes auf das Tumorwachstum 29
Durchführung der Versuche 33
a) Bestimmung der Serum-Hexosen 33
b) Bestimmung der Serum-Hexosamine 34

III. Wirkung ionisierender Strahlen auf das Bindegewebe 42
Experimenteller Teil 43
a) Versuchstiere 43
b) Narkose, Medikation und Bestrahlung 43
c) Histologische und biochemische Aufarbeitung 44

IV. Die Wirkung von die Strahlenreaktion dämpfenden Antiphlogistika 45
Verwendete Antiphlogistika 45
a) Prednisolon 45
b) Phenylbutazon 46
c) 0-(β-Hydroxyaethyl)-rutosid (HR) 46

V. Wirkung ionisierender Strahlen auf das Lungengewebe unter Berücksichtigung der Veränderung der sMPS 49
1. Histologisch-histochemische Befunde 50
2. Biochemische Untersuchungen 56
3. Diskussion der experimentellen Untersuchungen 57

VI. Zusammenfassung der Ergebnisse 59

VII. Das Verhalten der sMPS (saure Mucopolysaccharide) in der Schweinehaut, dem Knorpel des Kaninchenkehlkopfes und im menschlichen Urin bei Tumoren und nicht malignen Erkrankungen des Bindegewebes 60
1. Methoden zur Isolierung der sMPS aus dem Urin 65
2. Eigene Methode zur Darstellung und Reinigung der sMPS aus dem Urin . 66

VIII. Klinische Beobachtungen über die Strahlenreaktion am Bindegewebe und ihre Beeinflussung durch eine spezifische Zusatztherapie 68
IX. Diskussion der Ergebnisse 72
X. Zusammenfassung 74
Literatur 75

C. Die Strahlentherapie von Lebertumoren nnd Lebermetastasen

I. Einleitung 81
II. Strahlenwirkung an der Leber 83
III. Eigene therapeutische und klinische Erfahrungen 91
IV. Zusammenfassung 94
Literatur 95

D. Strahlentherapie unter Verwendung hyperbaren Sauerstoffs

I. Einleitende Bemerkungen 98
II. Die Pathophysiologie der Sauerstoffwirkung (Sauerstoffintoxikation) 99
III. Die strahlenbiologische Sauerstoffwirkung 101
IV. Physikalische Faktoren 103
V. Strahlensensibilität 104
VI. Eigene experimentelle und klinische Untersuchungen während der Strahlentherapie unter hyperbarem Sauerstoff 107
VII. Eigene klinische Erfahrungen 117
VIII. Schlußbetrachtungen 128
Literatur 128

Sachregister 133

Vorwort

Das letzte Dezennium der klinischen Strahlentherapie war vor allem gekennzeichnet durch zunehmende technische und apparative Vervollkommnung der Geräte zur Erzeugung hochenergetischer Elektronen, ultraharter Bremsstrahlung oder Gammastrahlung radioaktiver Isotope als Quellen zur Teletherapie. So sind wir heute in der Lage, mit Kreis- oder Linearbeschleunigern Elektronen und Bremsstrahlung bis zu einer Energie von 50 MeV zu erzeugen und therapeutisch zu nutzen. Weiterhin brachten die Verbesserung der Dosimetrie durch Einführung körperäquivalenter Phantome und subtilerer Meßmethoden sowie die Ausnutzung digitaler Rechenautomaten ein nahezu nicht mehr zu steigerndes Maß von Exaktheit bei der Bestrahlungsplanung zur optimalen Anordnung der höchsten Dosiskonzentration unter weitgehender Schonung gesunder Organe im Sinne einer Verbesserung des Verhältnisses von Herd- und Raumdosis. Zahlreiche methodische Besonderheiten, wie die Bewegungsbestrahlung, Anwendung von Sieben oder Keilfiltern, motorische Bewegung des Bestrahlungstisches während der Bewegungsbestrahlung und andere Maßnahmen, sind ebenso wie die lokale Kontakttherapie mit Radium und anderen Isotopen hinsichtlich des Umfanges ihrer Anwendung wesentlich eingeengt, jedoch nicht überflüssig geworden. Hier schien die Kurve der Aufwärtsbewegung in der Fortentwicklung der Strahlentherapie langsam in ein Plateau überzugehen, aber es zeichnete sich in letzter Zeit ab, daß auch die Radiobiologie und -physik diese Aufwärtsbewegung noch in Gang halten dürften. Es sei hierbei nur an die Ausnutzung des Sauerstoffeffektes bei Bestrahlung unter Sauerstoffüberdruck, die Ausschaltung des Sauerstoffeffektes durch Anwendung anderer Strahlenarten wie Neutronen und π-Mesonen oder die Variation der Einzel- und Gesamtdosierung erwähnt, die durch neuere Untersuchungen wieder in Fluß geraten zu sein scheint.

Vor 5 Jahren hatte unser Arbeitskreis die Ergebnisse der klinisch-strahlenbiologischen Forschung an der Strahlenklinik Heidelberg mitgeteilt. Das Buch* hat einen unerwartet großen Anklang bei der Leserschaft gefunden, weshalb wir nun neuerlich aktuelle und von uns speziell bearbeitete Themen, wie das Dosis-Zeit-Problem, die Bindegewebsforschung in der Radiotherapie, die Fermentdiagnostik bei Bestrahlung der Leber und die Sauerstoffüberdruckanwendung in der Strahlentherapie, als klinisch besonders interessierende Themen zusammengestellt haben. Sicher erhebt dieses Buch nicht den Anspruch, ein Standardwerk im Sinne eines Handbuchbeitrages oder einer umfassenden Monographie über die angeschnittenen Themen zu sein. Vielmehr glauben wir durch besonders kurzfristig nach der Erarbeitung mitgeteilte Fortschritte auf dem Gebiet der klinischen Radiologie bei der zeitlich begrenzten Gültigkeit in unserer raschen medizinischen Forschungsentwicklung dem interessierten Leser die neuesten Ansichten zu bieten.

---

* Siehe Literatur S. 26, Kärcher u. a. 1964

Ich bin dem Springer-Verlag, insbesondere Herrn Dr. Götze, für die Bereitschaft, diese Beiträge zusammengefaßt zu publizieren und mit reichem Bildmaterial bei knappem Text anschaulich zu gestalten, sehr zu Dank verpflichtet. Die Literaturangaben erheben nicht Anspruch auf Vollständigkeit, sondern berücksichtigen nur die neueren Arbeiten und Beiträge, die für unsere eigenen Untersuchungen von Bedeutung sind.

Die vorliegende Publikation ist ein Ausschnitt aus dem von meinem Arbeitskreis bearbeiteten Fragenkomplex, wobei ich vor allem meine Mitarbeiter H. P. Busse, T. Hallermann, H. T. Kato, R. Kopfermann, K. Morita, W. Müller, R. Staff, G. Stauch, H. Schröter, E. Wiebking und H. T. Hansen nennen möchte. Diese Arbeiten sind durch die Unterstützung des Bundesministeriums für wissenschaftliche Forschung in Bad Godesberg und die Firma Zyma-Blaes, München, möglich geworden. Danken möchte ich auch meiner wissenschaftlichen Mitarbeiterin Frl. A. Hansen sowie meinen Sekretärinnen Frau E. Stankewitz und Frau A. Leopold, die in unermüdlichem Einsatz die biochemisch-histologischen Untersuchungen bzw. das Schreiben der Arbeiten ermöglicht haben. Nicht zuletzt möchte ich meinem früheren Chef und Lehrer, Prof. Dr. h. c. J. Becker, herzlich danken, daß er mir vor 12 Jahren, als ich die klinisch-strahlenbiologische Abteilung an der Strahlenklinik der Universität Heidelberg aufzubauen begann, die Richtung gezeigt hat, in welcher sich die klinische Forschung in der Strahlentherapie folgerichtig auf Grund der technischen Entwicklung zu bewegen hat.

Ich möchte der Hoffnung Ausdruck geben, daß diese Zusammenfassung der Arbeiten meines Arbeitskreises ein Beweis dafür ist, daß die klinisch-biologische Forschung in der Radiotherapie ein bedeutender und unentbehrlicher Zweig dieses Faches geworden ist.

Wien, im Frühjahr 1970

A. Das Dosis-Zeit-Problem

Dosierung und Fraktionierung - noch immer im Fluß?

I. Historische Einleitung

Es klingt mehr als erstaunlich, daß nach 70jähriger Erfahrung bei der therapeutischen Anwendung der Röntgenstrahlen noch kein allgemeingültiges Dosierungsoptimum gefunden sein soll. Man muß hierbei berücksichtigen, daß bereits 1897, also ein Jahr nach Entdeckung der X-Strahlen durch Röntgen, der Wiener Dermatologe Freund aufgrund der beobachteten Früh- und Spätveränderungen nach Bestrahlung eines Naevus pigmentosus pilosus bei einem jungen Mädchen zu der Auffassung kam, die zu verabfolgende Dosis müsse in Menge und Zeit unterteilt verabreicht werden. In den folgenden 30 Jahren kam es gerade in Wien zwischen Freund und Holzknecht zu teilweise heftigen wissenschaftlichen Diskussionen über die Höhe der Einzeldosis bei Bestrahlung maligner und gutartiger Erkrankungen. Holzknecht hatte mit seinem Chromoradiometer ebenso wie Sabouraud und Noirée oder auch Kienböck mit seinem Intensimeter die Möglichkeit einer grob orientierenden Dosismessung geschaffen und verwarf daher mit Recht die Begriffe wie Schwach- und Starkbestrahlung. Er wies darauf hin, daß man bei den unterschiedlichen Erkrankungen, insbesondere malignen Tumoren, verschiedene Dosierungen anwenden müsse, bekannte sich jedoch letztlich zu dem von Freund inaugurierten fraktionierten Bestrahlungsschema, wodurch bereits damals die bessere Erholungsfähigkeit von Normalzellen und die stärkere Schädigung von Geschwulstzellen trotz Unterteilung der Dosis nachgewiesen war. Um die historische Einleitung zu vervollständigen, muß man neben den genannten Wiener Pionieren der Strahlentherapie Radiologen nennen, die in der Folgezeit versuchten, die Kumulationswirkung bzw. die Summation der Dosis bei der Anwendung der Röntgenstrahlen auf die verschiedenste Weise in der Therapie auszunutzen. Es sei hier nur an die Pfahlersche Sättigungsmethode erinnert, die Kingery als erster angewendet hatte, an die Versuche der Einzeitbestrahlung von Wintz u. Seitz, denen die experimentellen Ergebnisse von Friedrich u. Krönig wie auch von Reisner gegenüberstanden, sowie an die Methoden von Coutard u. Baclesse mit großen Gesamtdosen und starker Protrahierung.

Die Untersuchungen von Regaud am Kaninchenhoden wie von Schinz u. Nathan am Mäusecarcinom stützten die Auffassung von Schwarz, der den Begriff der Elektivität einführte: Durch die Fraktionierung der Bestrahlung wird das Verhältnis der Schädigung malignen Gewebes zum normalen Gewebe verschoben, d. h. das normale Gewebe weniger stark geschädigt als der Tumor. So wie nach den Untersuchungen von Schinz u. Mitarb. sowie von Reisner und später von Glauner werden die Anwendung von Strahlenqualitäten zwischen 60 und 250 kV und einer Filterung von 0,1 mm Aluminium bis 1 mm Kupfer in der Oberflächen- und Tiefentherapie sowie folgende allgemeingültige Dosierung und Fraktionierung vorgeschlagen; dies wird für mehr als drei Jahrzehnte als allgemeingültig anerkannt und angewendet: bei der Bestrahlung von entzündlichen Prozessen wie Panaritien, Furunkel, Lymphadenitis, Hidradenitis und subakuten bis chronischen Dermatosen zweimal wöchentlich 50–100 R mit an die Tiefenausdehnung angepaßter Strahlenqualität und Filterung; bei malignen Tumoren mit 200 kV und 1 mm Kupfer-Filterung 200–250 R Einzeldosis an der Oberfläche, wobei eine Gesamtdosis im Herdgebiet von 5000 R angestrebt werden sollte. Von einem Hautfeld aus war jedoch diese Herddosis nicht zu erreichen, da es bei Einstrahlung in einer Bestrahlungsserie und Oberflächendosen über 4000 R zu schweren exsudativen Hautreaktionen und Spätschäden im Sinne von Narbenplatten, Teleangiektasien und Ulcusbildungen kam. Es wurden zahlreiche Versuche gemacht, die Herddosis durch die Bestrahlung im Sinne einer Kreuzfeuertherapie zu erhöhen. Ein Fortschritt in diesem Bemühen war die Einführung der Bewegungsbestrahlung mittels eines sog. Strahlenkonzentrators von Richard Werner und später von Hans Meyer. Diese Methode führte zu einer weitgehenden Entlastung der Haut und zu einer sehr wesentlichen Erhöhung der Herddosis und Erfolgsverbesserung der Strahlentherapie. Auch bei der Bewegungsbestrahlung wurde nach Möglichkeit die Einzeldosis von 200 R nicht überschritten, da ja in diesem Falle nun ein wesentlich größerer Raum als bei der Stehfeldtherapie durchstrahlt wurde und die Relation von Herd- und Raumdosis (Integraldosis) ganz entscheidend zu der Wirkung auf das Allgemeinbefinden des Patienten beiträgt. 1944 gab Strandqvist eine Formel an, mit der man aus einem Koordinatensystem, in welchem Zeit und Dosis logarithmisch aufgetragen waren, bei Bestimmung der Gesamtdosis die Behandlungszeit bzw. die optimale Wirkungsdosis für das entsprechende Geschwulstgewebe errechnen konnte.

II. Neuere Forschungsergebnisse

Weder die einzeitige, noch die hochdosierte, noch die stark fraktionierte bzw. protrahierte Bestrahlungsform hat hinsichtlich ihrer Erfolge restlos überzeugende Ergebnisse liefern können. Die Anwendung neuer Strahlenarten wie hochenergetischer Elektronen, ultraharter Bremsstrahlung und γ-Strahlung radioaktiver Isotope zur Tumorbehandlung führte zu einer neuen Belebung der experimentellen und klinischen Forschung auf dem Gebiet der Dosierung und Fraktionierung in der Strahlentherapie. Anstoß hierfür war das von der konventionellen Röntgenstrahlung abweichende physikalische Verhalten der Elektronenstrahlen, ultraharten Bremsstrahlen und monochromatischer Gammastrahlung bei Durchdringung des Gewebes. Die wesentlich weniger dichte Ionisation, der geringere LET (linear energy transfer) und damit auch die geringere RBW (relative biologische Wirksamkeit) der genannten Strahlenarten schwankt natürlich erheblich zwischen Korpuskular- und Wellenstrahlung in Abhängigkeit von der verwendeten Energie, insbesondere bei Elektronenstrahlen. Die strahlenbiologische Grundlagenforschung konnte experimentell eine geringere RBW, jedoch eine Steigerung der Elektivität bei Anwendung der ultraharten Elektronen- und Photonenstrahlung gegenüber der konventionellen Röntgenstrahlung nachweisen (Gärtner, Fritz-Niggli, Schubert u. Mitarb.). Clemens, Hofmann u. Kepp fanden bei der Fraktionierung hochenergetischer Elektronen eine stärkere Elektivitätssteigerung als bei Röntgenstrahlen. Erwähnt sei hier noch, daß auch die Dosisleistung und die Ultrafraktionierung der Strahlung bei Elektronenschleudern einen Einfluß ausüben, wie dies Rajewsky, Tubiana und Künkel in Experimenten zeigen konnten.

Doch gerade in den letzten 10 Jahren kam es während der Anwendung ultraharter Strahlenarten zu widersprechenden experimentellen Ergebnissen und Unsicherheit in der optimalen Dosierung und Fraktionierung, wobei Pro und Contra für das bisherige Bestrahlungsschema sich derzeit die Waage halten. So konnten Gavala u. Wachsmann am Rattenhoden zeigen, daß die starke Fraktionierung einer gleichen Gesamtdosis zu der gleichen Schädigung am Samenepithel bei beträchtlicher Schonung des restlichen Hodengewebes führt. Sie folgern daraus für das Mausergewebe ein ähnliches Verhalten wie für Tumorgewebe und eine Steigerung der Tumorelektivität durch die Fraktionierung. Barth, Graebner u. Wachsmann konnten in der Folgezeit nachweisen, daß auch mit dem 48 Std- und 72 Std-Rhythmus der Fraktionierung bei Erhöhung der Einzeldosis gleich gute Erfolge erzielbar sind. Im Gegensatz hierzu weisen Lupo, Pisani u. Colombo, Edelmann, Holtz u. Powers darauf hin, daß mit γ-Strahlung des Kobalt-60 oder ultraharter Röntgenstrahlung von 22 MeV bei Anwendung von Einzeldosen von 1250 R mit einer Gesamtdosis von 2500–4000 rad inoperable Mammacarcinome zu beherrschen seien, die bei üblicher stärkerer Fraktionierung eine Gesamtdosis von 7000–9000 rad benötigen. Es wird bei radioresistenten Tumoren wie osteogenen Sarkomen, Melanoblastomen und großknotigen Tumoren empfohlen, die große Einzeldosis in wenigen Fraktionen zu geben. Auch Wilson plädiert bei radioresistenten großen Tumoren für wenige Fraktionen großer Einzeldosen. Ellis hält neben der Variation der Fraktionierung die Anwendung von Sauerstoff für eine der wichtigsten Perspektiven in der zukünftigen Radiotherapie. Beide Probleme sind jedoch eng miteinander verbunden. Das Kardinalproblem ist die anoxische Zelle. "In a tumour a dose of radiation reducing the oxygenated cells to one will, even if there is 1 per cent only of anoxis cells, leave about 10.000 anoxis cells unsterilized!" Aufgrund von Überlebenskurven kann er jedoch zeigen, daß bei der Zerstörung der gleichen Anzahl von Zellen im sauerstoffreichen Milieu der Quotient der überlebenden anoxischen Zellen bei täglicher Bestrahlung trotz größerer Gesamtdosis größer ist als bei seltener Bestrahlung und höherer Einzeldosis. Es ist also auch von dem Gesichtspunkt der Sauerstoffsättigung des Tumorgewebes her günstiger, geringer zu fraktionieren und größere Einzeldosen anzuwenden.

Andererseits ist eine Erhöhung der Einzeldosis über einen bestimmten Grenzwert ohne Nutzen, wie Scheel u. Holmes, sowie Elkind, Berny u. Oliver zeigen konnten. Auch Linden fand am Walker-Carcinom, daß die Strahlenwirkung nicht monoton mit wachsender Dosis ansteigt. Mit 3000 R wurde eine geringe Wachstumshemmung erzielt, bei 3500 R war sie optimal, bei höheren Dosen sank sie wieder ab. Die optimale Dosis soll den Tumor zwar stark schädigen, das gesunde Gewebe jedoch weitgehend funktionstüchtig lassen, da es für die Tumorheilung notwendig ist. Diese Maxime erscheint uns als die wichtigste Kardinalforderung, die bei allen Untersuchungen und klinischen Beurteilungen an erster Stelle berücksichtigt werden muß. Was nützt den Patienten eine völlige Zerstörung des Tumors, wenn hiermit schwere lokale Defekte, Störung des Allgemeinzustandes und andere Therapiefolgen erkauft werden, die unter Umständen das Los der Patienten eher verschlimmern. Die Radiotherapie muß – das soll an dieser Stelle herausgestellt werden – zu Kompromissen bereit sein. Gerade die Zusammenarbeit mit dem Chirurgen vor und nach der Bestrahlung ist mehr denn je eine unerläßliche Forderung. Sei es die chirurgische Verkleinerung des Primärtumors bei bestehender Inoperabilität zur Herstellung besserer Bedingungen für die Radiotherapie, sei es die Vorbestrahlung zur Erreichung einer Operabilität oder sei es die palliativ erreichbare Schmerzfreiheit, ja sogar Arbeitsfähigkeit des Patienten – sie müssen unser gemeinsam erstrebtes und erreichbares Ziel sein. Eine monomane fachbezogene Medizin ist heute als überlebt und verlassen zu bezeichnen.

Dieser Auffassung der Anpassung des strahlentherapeutischen Vorgehens an die Gesamt- und Lokalsituation des Patienten trägt die unterbrochene Serienbestrahlung (Split-Course-Therapie), wie sie von Scanlon angegeben wurde, Rechnung. Man versucht hierbei, durch Einschaltung von Bestrahlungspausen die therapiebedingte Mitosenblockade zu überwinden, um den Tumor häufiger in seinen vulnerablen Teilungsphasen zu erfassen. Es werden hierbei nach 3tägiger Bestrahlung 7 Tage Pause eingeschoben, dann folgen wieder 6 Tage Bestrahlung, danach 21 Tage Pause und zum Abschluß 14 Tage Bestrahlung. Die Gesamtdosis von 6000 R wird mit Einzeldosen von 300 R eingestrahlt. Auch Schön u. Gerhardt konnten bei Bestrahlung von Bronchial- und Oesophaguscarcinomen mit dieser "periodic radiation therapy" gleich gute Ergebnisse erzielen, wobei die Patienten sich während der Bestrahlung jedoch wesentlich besser fühlten und erholten.

Wir haben in den bisherigen Ausführungen die verschiedenen Meinungen, Untersuchungsergebnisse und klinischen Beobachtungen hinsichtlich der optimalen Dosierung und Fraktionierung gegenübergestellt und gefunden, daß sich zwar unsere Kenntnisse erweitert haben, die Methode jedoch seit Leopold Freund keine wesentliche Änderung erfahren hat. Die Unsicherheit ist nach wie vor groß. Wir wissen immerhin, daß Strahlenqualität, d. h. der LET, die differentiale Ionisation und der Massenabsorptionskoeffizient ebenso auf die Strahlenwirkung und unser therapeutisches Vorgehen einwirken, wie Fraktionierung, Protrahierung, Dosisleistung und der Sauerstoffpartialdruck im bestrahlten Gewebe, die durch ihre eindeutigen biologischen Effekte wichtige Parameter in der Strahlentherapie darstellen.

Neue Aspekte bieten sich in der Strahlentherapie der Zukunft durch die Verwendung von Neutronen und π-Mesonen mit einer kinetischen Energie von 7–10 MeV, da hierbei der Sauerstoffeffekt für das Zustandekommen der Strahlenwirkung entfällt. Die Wirkung der Neutronen beruht auf der ionisierenden Wirkung der von ihnen erzeugten Rückstoßprotonen. Bei den π-Mesonen werden am Ende ihrer Reichweite – wobei es beim Durchgang der Materie nur wenig Streuung und Verlust kinetischer Energie gibt – von Kohlenstoff-, Sauerstoff- und Stickstoffkernen des Körpergewebes unter Bildung mesonischer Atome eingefangen und nach kurzer Zeit durch diese Kerne absorbiert. Hierbei entstehen hochangeregte Kerne, die in energiereiche α-Teilchen, Protonen und schnelle Neutronen zerfallen. Hierdurch wird am Ende der Reichweite der π-Mesonen hohe Energie frei, so daß diese Materieteilchen eigentlich alle Forderungen der Tiefentherapie erfüllen: starke Schädigung des Tumorgewebes bei geringer Belastung des Umgebungsgewebes (Lorenz).

Auf Untersuchungen von Barendsen an Zellkulturen und klinischen Ergebnissen von Schumacher bei Anwendung hochenergetischer Elektronen basierend, hat

Wideröe in jüngster Zeit eine Theorie vorgelegt, welche die Anwendung höherer Einzeldosen bei der Therapie mit hochenergetischen Elektronen zur Steigerung der Elektivität belegen soll. Es wird hierbei für jede Strahlung eine α-Komponente mit hohem LET und eine β-Komponente mit niedrigem LET angenommen. Hochenergetische Elektronenstrahlung hat hierbei eine niedrige α- und hohe β-Komponente. Die α-Strahlung führt zu exponentiellen Schädigungs-, d. h. Eintrefferkurven, die β-Komponente zu Schulterkurven, also Mehrtreffererscheinung. Es ist daher zu erwarten, daß bei höheren Dosen hochenergetischer Elektronenstrahlen die Elektivität steigt, und Wideröe konnte dies mathematisch nachweisen.

III. Ergebnisse eigener experimenteller Untersuchungen und klinischer Beobachtungen

Gemeinsam mit Andreeff, Medau, Hilwig, Grünzig u. Wieland führten wir tierexperimentelle und klinische Untersuchungen bei Anwendung hochenergetischer Elektronen oder Caesium-γ-Strahlen mit unterschiedlicher Dosierung und Fraktionierung durch. Hierbei wurden histologisch-histochemische, autoradiographische, mikrospektrophotometrische, volumetrische und biochemische Untersuchungen durchgeführt und durch klinische Verlaufsbeobachtungen am Patienten ergänzt. Wir können hier nicht im einzelnen auf Technik und Methodik der angewendeten Verfahren eingehen, da dies den Rahmen des Beitrages sprengen würde; es wird diesbezüglich auf das Studium der Originalarbeiten verwiesen. Im folgenden soll in der Hauptsache über die Ergebnisse berichtet werden. Mit den genannten Untersuchungsverfahren beabsichtigten wir, die Strahlenwirkung auf die Tumor- und Normalzelle sowie die Zellkinetik unter verschiedener Dosierung und Fraktionierung zu erfassen. Es sind daher einige einleitende Bemerkungen zum Mechanismus der Strahlenwirkung auf Nucleinsäuren erforderlich.

1. Strahlenwirkung auf die Zelle und die Zellkinetik (zit. nach M. Andreeff)

Welche biologischen Wirkungen haben nun ionisierende Strahlen auf Zellen? Nur bei sehr hohen Dosen tritt eine akute Destruktion in der Interphase auf, meist jedoch vergeht bis zum Wirkungseintritt eine gewisse Latenzzeit, welche die Zuordnung einer Wirkung zu einer bestimmten Ursache erschwert. Meist muß man nach dem Grundsatz „post hoc – ergo propter hoc“ verfahren.

Man kann außer einer Mitosehemmung auch unabhängig davon eine metabolische Desintegration besonders an der DNS-, RNS- und Enzymsynthese beobachten, welche zum Tod der Zelle führt. Die Mitosehemmung ist strahlensensibler als die Synthese der Nucleinsäuren (Harbers, zit. nach Scherer u. Stender, 1963). Es kommt zum Untergang von Zellen, deren Teilung verhindert wird, deren Metabolismus aber noch eine gewisse Zeit lang weiterläuft (Alexander u. Bacq, 1961). Der Zellverlust nach Bestrahlung wird weiterhin durch eine progressive Differenzierung und Alterung der überlebenden Zellen sowie durch ihre Abwanderung in andere Organe bedingt (Scherer u. Stender, 1963).

Am Zellkern kann morphologisch ein Ödem festgestellt werden, welches zu einer Volumenzunahme führt. In diesem Sinne wirkt auch das Fortschreiten der DNS-Synthese. Das Chromatin wird umgruppiert und an die Kernmembran angelagert (Margination); so können Kernvacuolen vorgetäuscht werden.

Auch die Nucleoli vergrößern sich, was durch eine relativ geringe Strahlensensibilität der nucleolaren RNS erklärt wird, und treten in Beziehung zur Kernmembran.

Das Cytoplasma zeigt vacuolige Degenerationen, trübe Schwellung, manchmal auch Verfettung, Glykogenspeicherung und Amyloidreaktion.

Da alles Geschehen in der Zelle cyclisch erfolgt, sind auch die Strahlenschäden cyclusabhängig. Wir stellen zunächst den Teilungsformwechsel (nach Linser, 1967) schematisch dar:

Mitose	(M)	–	wenige Synthesen
postmitotische Phase	(G_1)	–	RNS- und Protein-Synthese Plasmawachstum
Reduplikation	(S)	–	Verdopplung der Chromosomen DNS-Synthese
prämitotische Phase	(G_2)	–	Protein- und RNS-Synthese

Das von Perthes aufgestellte Gesetz einer besonderen Strahlensensibilität mitotischer Zellen ist heute in bezug auf die einzelnen Stadien der Karyokinese spezifiziert worden. Allerdings finden sich bei den einzelnen Autoren unterschiedliche Angaben.

Während Dewey u. Humphrey (1962) angeben, daß die S-Phase hinsichtlich der Letalschädigung am empfindlichsten sei, halten Howard und Kelly (zit. n. Scherer und Stender) sie für verhältnismäßig strahlenresistent. Zu dem gleichen Ergebnis kommen Beltz, Lancker und Potter (1957), die die größte Strahlensensibilität in der späten G_1-Phase sehen. Harbers (1960) spricht sogar davon, daß im letzten Teil der G_1-Phase nur eine kurze Zeitspanne strahlensensibel sei, was auch die Empfindlichkeit rasch wachsender Gewebe verständlich mache. Bei In-vivo-Versuchen sei bis zur Desoxyribotidbildung keine Hemmung festzustellen. Diese erfolgt vielmehr durch Verhinderung oder Verzögerung der Bildung der Polymerasen.

Maass u. Schulz (1967) vermuten, daß die Zellteilung dadurch inhibiert wird, daß aufgrund eines späten G_2-Blocks die Mitose nicht gestartet werden kann. Howard, Harrington u. a. (zit. nach Scherer u. Stender) folgern jedoch, daß die Blockierung der DNS-Synthese die Folge einer vorausgegangenen Mitosehemmung sei. Da die DNS-Synthese wegen ihrer geringeren Strahlensensibilität auch nach erfolgtem Mitoseblock noch weiterlaufe, befinde sich ein Teil der Zellen dann in der post-synthetischen G_2-Phase. Harbers weist darauf hin, daß für die Mitose auch besonders Sulfhydrilgruppen nötig seien, die durch Bestrahlung leicht oxydiert werden könnten.

Uns scheint Howards u. Harringtons Hypothese nicht zutreffend zu sein, da bestrahlte Zellen nach einer initialen Mitosehemmung oft noch mehrere Mitosen durchlaufen, bis sie zugrunde gehen. Eine DNS-Synthesehemmung wird – was sich ja gerade in der größeren Strahlenresistenz der DNS-Synthese gegenüber derjenigen der Mitose zeigt – immer eine Mitosehemmung zur Folge haben. Diese kann aber z. B. auch durch fehlende Sulfhydril-Gruppen verursacht werden (s. o.). Umgekehrt ist es jedoch falsch, von einer Mitosehemmung unbedingt eine Wirkung auf die DNS-Synthese zu postulieren.

Somit scheint es uns auch wahrscheinlich zu sein, daß die DNS-Synthese am leichtesten oder auch ausschließlich in der späten G_1-Phase gehemmt wird.

Neben dem Teilungsformwechsel durchläuft die Zelle auch einen Funktionsformwechsel. In der Frühphase (1. Periode) nach Bestrahlung wird die Ausschleusung von RNS und Proteinen aus dem Kern in das Cytoplasma verstärkt. Die Zahl der Extrusionen ist erhöht.

Bei der metabolischen Desintegration zwischen Kern und Plasma kann man aber auch beobachten, daß das Plasma an RNS verarmt, während die RNS im Kern weiter zunimmt. Bei menschlichen Tumorzellen hat Mitchell (zit. nach Scherer u. Stender) nach Dosen von 1000 R eine Zunahme von RNS im Plasma beobachtet, die bei höherer Dosis aber wieder abnahm.

Diese erste Periode kann als Kompensation der Strahlenschäden gewertet werden. Da sie mit der Phase des mitosefreien Intervalls zusammenfällt, kann man – wie auch aus anderen Experimenten an Oocyten – schließen, daß Teilungsformwechsel und Funktionswechsel einander ausschließen. Beide sind aber doch Aspekte des gleichen Grundvorgangs.

Die zweite Periode mit ihrer Kern- und Nucleolus-Vergrößerung kann als ,,Retentionsphase" umschrieben werden. Sie führt zum Zelltod, da die abnorme nucleoläre Deponierung eine ,,gänzliche Unfähigkeit zur Stoffabgabe" (Altmann) bewirkt und keine weitere Proteinsynthese mehr möglich ist. Aber auch die Zellkinetik ist keine Konstante, sondern in der Zeit veränderlich. Dazu zitiert Tubiana (1967) eine Arbeit von Mendelsohn, der Tumorzellen in zwei Gruppen gliedert: Eine Anzahl von Zellen befindet sich in relativer Ruhe, eine zweite in einem Cyclus cellulärer Reproduktion (sog. "growth fraction"). Im Verlauf des Tumorwachstums wird die "growth fraction" immer kleiner.

Schmermund u. Heinrich (1952) berichten über unterschiedliche Wirkungen von Röntgenstrahlen und Elektronen auf Vicia faba equina. Während Röntgenstrahlen mit zunehmender Dosis eine stärkere Phasenverschiebung zugunsten der Prophasen hervorrufen, führen Elektronen zu wesentlich geringeren Veränderungen des normalen Verteilungsbildes. Gleiche Ergebnisse erzielte Gärtner an Hühnerherzfibroblasten. Schnelle Elektronen haben auch auf den Mitoserhythmus einen von Röntgenstrahlen etwas verschiedenen Einfluß (Schubert u. Mitarb., 1950). Während bei Röntgenstrahlen maximale Erholung schon nach 96 Std erfolgt, wird sie bei Elektronen erst nach 120 Std beobachtet.

Parchwitz (1963) fand bei einzeitiger Röntgenbestrahlung eines Walker-Carcinoms der Ratte nach einem kurzfristigen geringen Anstieg einen starken Abfall der Mitosezahl mit einem Minimum nach 5 Std (0,2 %), dem ein praktisch mitosefreies Intervall von 18 Std Dauer folgte. Daran schloß sich eine Phase vermehrter Mitosefrequenz an, die nach 8 Tagen 7,6 % erreichte. Der Vergleichswert unbestrahlter Tumoren lag bei etwa 2 %.

Das Bild der Strahlenwirkung auf die Zelle erweist sich als sehr komplex und das Wissen darüber als bruchstückhaft. Eine Synopsis von Morphologie undBiochemie ist erforderlich. Eine zentrale Stellung im Mechanismus der biologischen Strahlenwirkungen nehmen die Veränderungen an den Nucleinsäuren ein.

Die Nucleinsäuren Desoxyribonukleinsäure (DNS) und Ribonucleinsäure (RNS) sind die wichtigsten Bausteine jeder Zelle, da sie sowohl die genetische Kontinuität als auch die Synthese der Proteine kontrollieren und regulieren.

2. Mechanismus der Strahlenwirkung auf Nucleinsäuren

Wie Parchwitz (1963) am Walker-Carcinom zeigen konnte, findet als Strahlenreaktion eine Verschiebung der im Nucleolus gehäuften RNS ins Cytoplasma statt. Durch die Bestrahlung wird die Synthese der Nucleinsäuren gehemmt, nicht oder kaum aber bereits vorhandene Nucleinsäure zerstört: Um einen anhand der Viscositätsänderung gerade meßbaren Zerfall von isolierter Nucleinsäure hervorzurufen, ist eine Dosis von 30 000 R notwendig!

Im elektronenoptischen Bild sind Verkürzungen, Aufspleißungen, Verzweigungen, Aufknäuelungen („coiling") und Netzbildung sichtbar gemacht worden (Fasske u. Themann, zit. nach Scherer u. Stender).

Bei den Wirkungsmechanismen sind wieder solche direkter und indirekter Art diskutiert worden. Auf indirekte Wirkung weisen z. B. die Versuche von Stern, Brasch u. Huber (1950) hin, die feststellten, daß energiereiche Elektronenblitze DNS bei Zimmertemperatur in wäßriger Lösung etwa 60mal stärker als in Gefrierserien denaturieren.

In der Strahlensensibilität steht die DNS-Synthese an der Spitze. Sie wird schon durch relativ kleine Dosen gehemmt, während die Protein- und RNS-Synthese weiterläuft. Die ionisierenden Strahlen bewirken eine Depolymerisation, die sich in einem Viskositätsverlust manifestiert. Die Rolle des Sauerstoffs hierbei ist noch weitgehend ungeklärt. Der Depolymerisation entsprechen Brüche der Hauptkettenverbindungen. Der Bruch einer Einzelkette benötigt 10–20 eV, der einer Doppelkette 160 eV (Stacey u. Alexander; nach Bacq u. Alexander). Auf einen Doppelkettenbruch kommen etwa 10 Einzelbrüche, die jedoch unbemerkt als sog. "hidden breaks" verlaufen. Man diskutiert neben dem einfachen oder doppelten Bruch der Phosphat-Ester-Verbindungen auch eine Oxydation des Kohlenhydratringes, eine Öffnung des Basenringes und eine Aufsplitterung der Wasserstoffbrücken.

Eine Hemmung der Nucleinsäuresynthese wäre auch denkbar über eine Störung des Transportes aktivierter Aminosäuren in den Kern. Tatsächlich ist dieser Transport von der Na^2-Konzentration abhängig, die schon nach 50–100 R deutlich abnimmt.

Die RNS-Schädigung ist noch wenig untersucht. Vermutlich verläuft sie ähnlich wie die der DNS.

Möglicherweise ist auch die Schädigung der Nucleinsäuresynthese durch Einwirkung auf die Elemente des Jacob-Monod-Modells zu erklären.

3. Eigene experimentelle Untersuchungen

Die Einflüsse verschiedener Dosierungen und Fraktionierung auf die Nucleinsäuresynthese und damit die Zellkinetik, Vitalität und Reproduktivität wurden einmal am Walker-Carcinosarkom mit der Thymidineinbaurate von Hilwig bei Verwendung hochenergetischer Elektronen und von Grünzig bei Verwendung von Caesium-137-γ-Strahlung untersucht. Es wurden hierbei verschieden hohe Einzeldosen und die unterbrochene Serienbestrahlung untersucht. Die Tumoren wurden volumetrisch während der durchgeführten Strahlentherapie kontrolliert, die Absterberate der Tiere festgestellt und am Ende der Versuche die histologischen Präparate autoradiographisch hinsichtlich des mittleren Grain-Index verglichen.

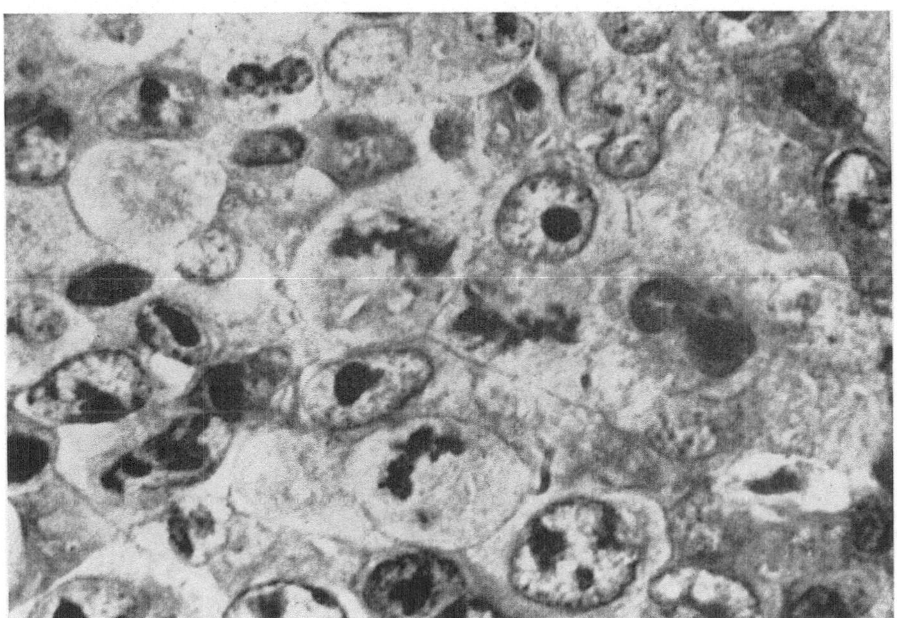

Abb. 1. Walker-Carcinom, unbestrahlte Kontrolle

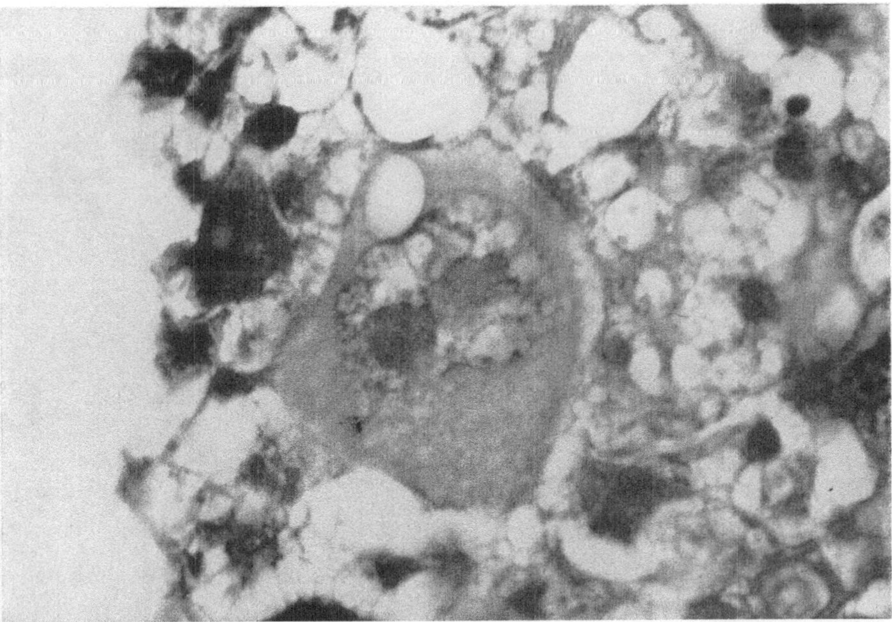

Abb. 2. Walker-Carcinom nach 1000 R Einzeitbestrahlung. Gewebe weitgehend tumorzellverarmt, starke intercelluläre Vacuolenbildungen, einzelne Tumorzellen sind unscharf begrenzt. Weiterhin Quellung mit Vacuolen sowohl im Kern als auch im Cytoplasma, Chromatinverklumpungen, deutliche Zeichen der Zelldegeneration. Hämatoxylin-Eosin-Färbung

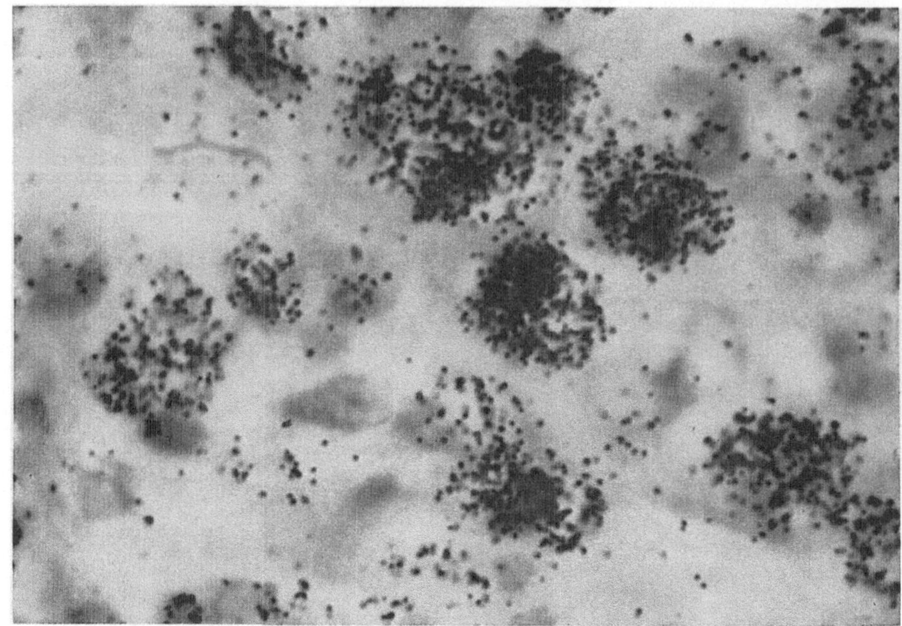

Abb. 3. Unbestrahlte Kontrolle

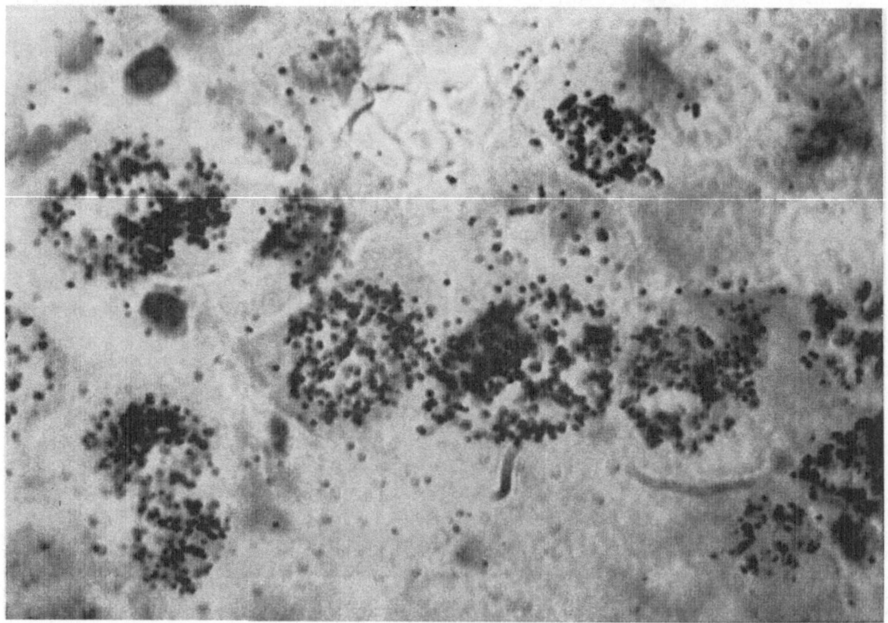

Abb. 4. H^3-Thymidin markierte Zellen bei einer Einzeitdosis von 200 R — Tier nach 24 Std getötet

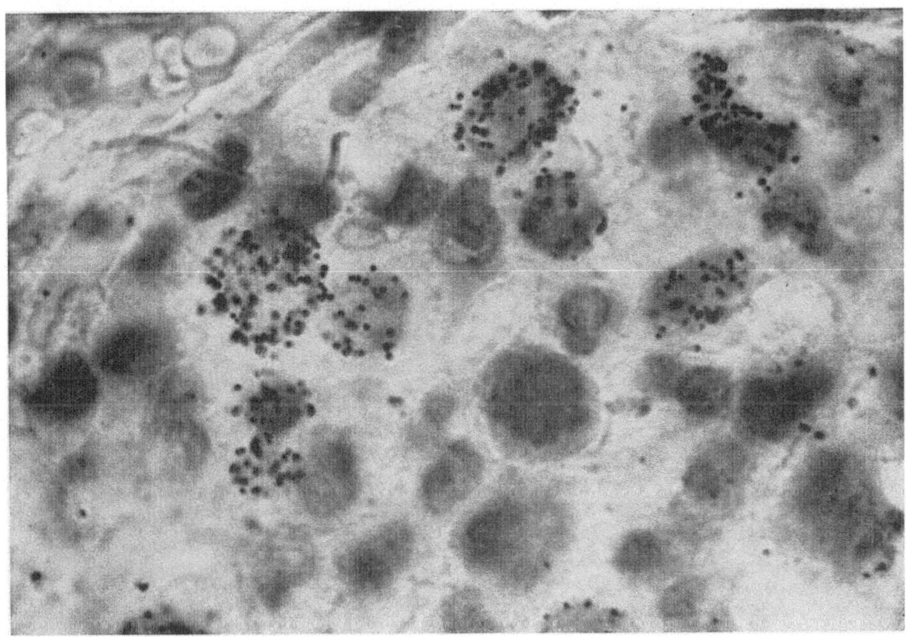

Abb. 5. H^3-Thymidin markierte Zellen bei einer Einzeitdosis von 1000 R, das Tier wurde 5 Tage nach Bestrahlung getötet

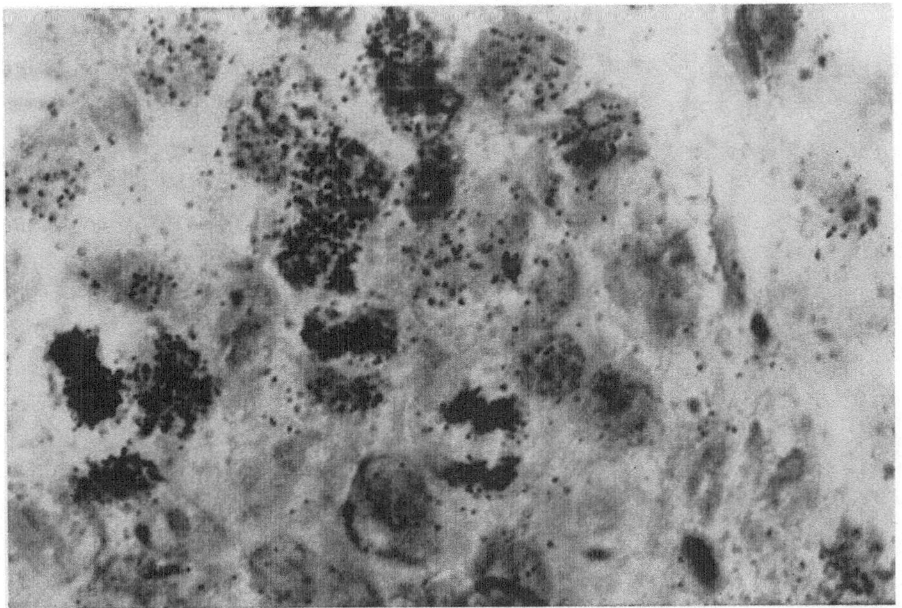

Abb. 6. Walker-Carcinom. Kernmarkierung mit H^3-Thymidin. Bestrahlung mit 6 × 250 R. Markierte reguläre Mitosen

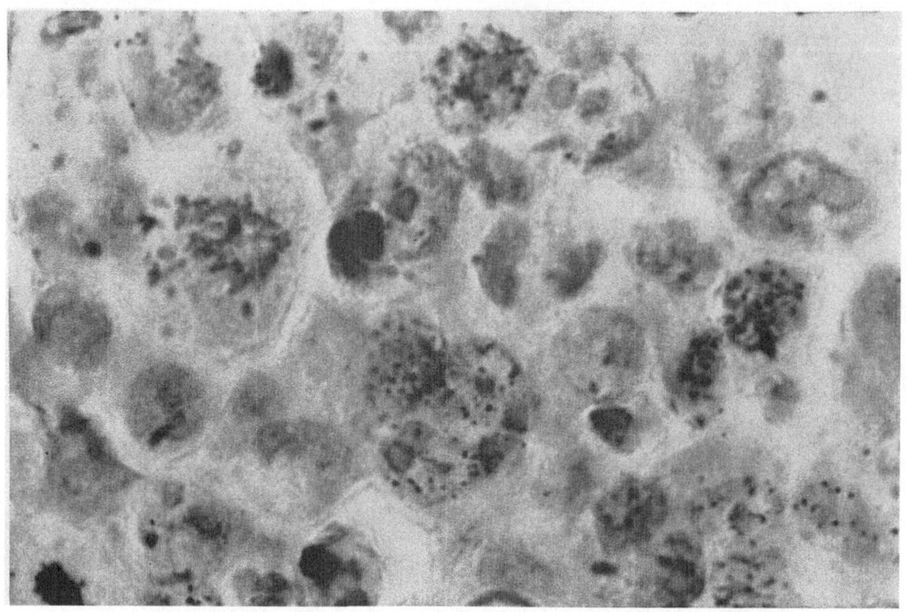

Abb. 7. Walker-Carcinom. Kernmarkierung mit H^3-Thymidin. Bestrahlung mit 1 × 1500 R. Verminderte Markierung. Mittlere Grainzahl 4,1

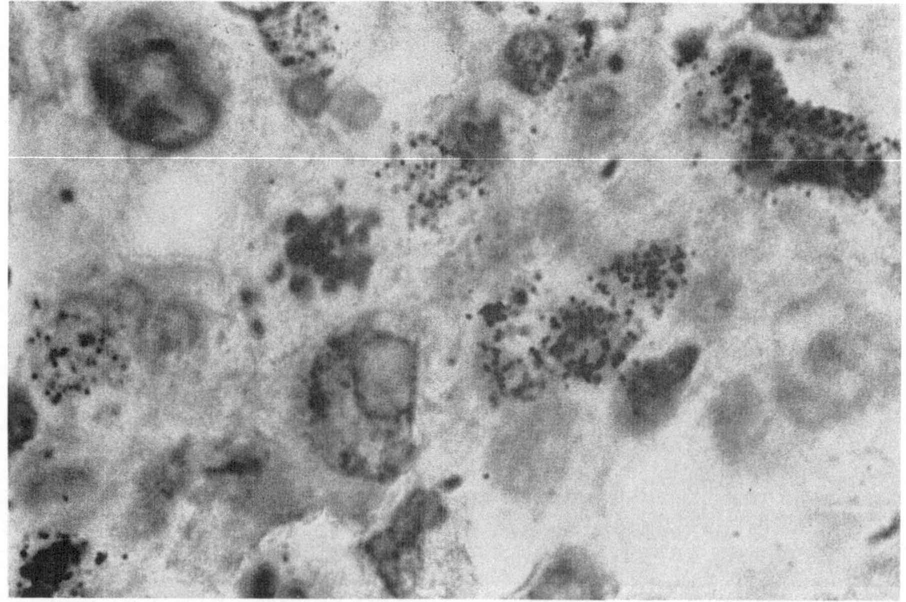

Abb. 8. Walker-Carcinom. Kernmarkierung mit H^3-Thymidin. Bestrahlung mit 3 × 500 R. Nicht markierte pathologische Mitose (Mitte). Mittlere Grainzahl 29,5

Wie die folgenden Abbildungen zeigen, führt die höhere Einzeldosis bei stärkerer Fraktionierung und Anwendung hochenergetischer Elektronen eindeutig zu einer Verminderung der DNS-Einbaurate im Sinne einer deutlichen Reduktion der mittleren Grain-Zahl (Abb. 1–5). Außerdem nimmt das Tumorvolumen nach Beginn der Bestrahlung nicht mehr zu – im Gegensatz zur täglichen Bestrahlung mit 200 R. Auch bei der zweiten Serie mit Caesium 137-γ-Strahlung konnten ähnliche Beobachtungen gemacht werden. Hier war die hohe Einzeldosis der täglichen niederdosierten Fraktionierung deutlich überlegen. Ähnlich gute Ergebnisse konnten mit der unterbrochenen Serienbestrahlung erreicht werden. Auch hier waren die volumetrischen Messungen und die autoradiographisch ermittelten Grain-Indizes bei der hochdosierten, stärker fraktionierten Bestrahlung eindeutig besser (Abb. 6–8).

Von Andreeff wurden – ebenfalls am Walker-Carcinosarcom der Ratte (Wistar-Ratten) – 2 Gruppen miteinander verglichen. Hierbei wurden der einen Gruppe 1500 R mit Caesium 137-γ-Strahlung einmal wöchentlich, in der anderen Gruppe 250 R täglich, 1500 R wöchentlich eingestrahlt. Auch hierbei erfolgte die volumetrische Kontrolle des Tumorwachstums und die cytospektrophotometrische Bestimmung der Veränderungen der Nucleinsäuren im Nucleus (DNS) sowie im Nucleolus (RNS) und Cytoplasma (RNS). Zur Durchführung der Mikrospektrophotometrie verwendeten wir nach Feulgen bzw. Einarsson gefärbte Präparate und das Mikrospektrophotometer MPE der Firma Leitz, kombiniert mit dem Mikroskop Ortholux. Bei der Durchführung der Methode stützten wir uns auf die Angaben von Casperson u. Mitarb., Sandritter u. Mitarb., sowie die Arbeiten von

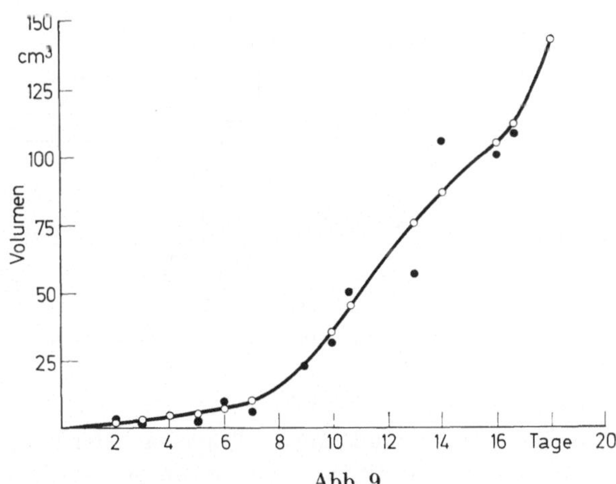

Abb. 9

Leuchtenberger u. Grundmann, Pisani u. Romanini (Einzelheiten s. Andreeff). Die gemessenen Veränderungen der Nucleinsäuren wurden mit den Tumorvolumina, den histologischen Veränderungen, den Beziehungen zum Zellkernvolumen und der Überlebenszeit der tumortragenden Versuchstiere in Beziehung gesetzt.

Bei allen experimentellen Versuchen an Ratten taucht sofort die Frage nach der Bedeutung dieser Ergebnisse und der Vergleichsmöglichkeit zur menschlichen

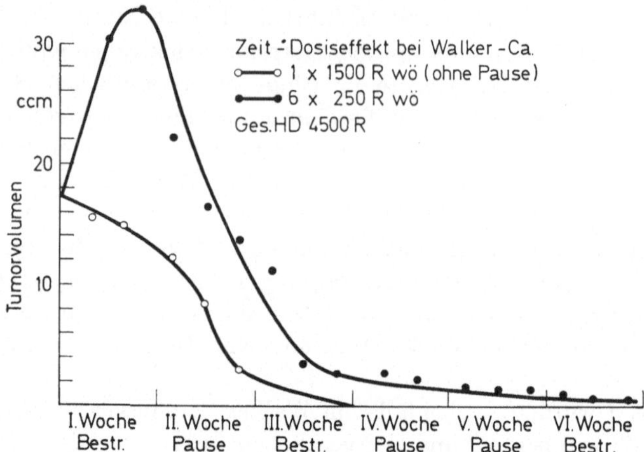

Abb. 10. Obere Kurve: Dosis 6 × 250 R/Woche, Pausen in der 2., 4. und 5. Woche, Bestrahlung in der 1., 3. und 6. Woche. Gesamtdosis 4500 R. Ein deutlicher Anstieg des Tumorvolumens trotz Bestrahlung in der 1. Woche ist sichtbar. Latenz bis zum Verschwinden des Tumors: 6 Wochen. Untere Kurve: Dosis 3 × 1500 R über drei Wochen. Gesamtdosis 4500 R. Sofortiger Rückgang des Tumorvolumens mit Ende der ersten Bestrahlung. Latenz: 3 Wochen

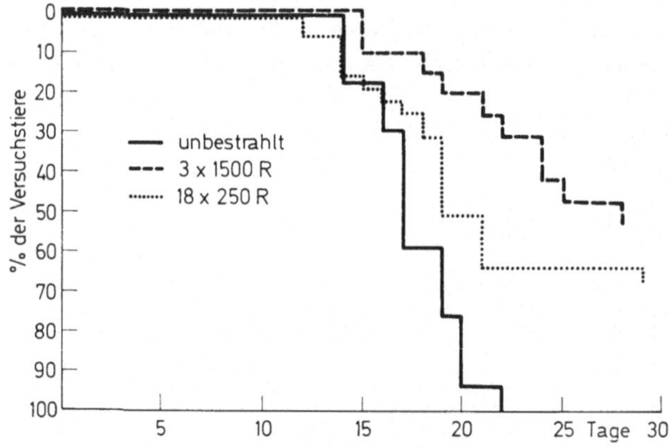

Abb. 11. Mortalität der tumortragenden Versuchstiere

Tumorpathologie auf. Nach Lettré muß man die Frage nach der Vergleichsmöglichkeit mit Ja beantworten, denn die Phänomene der unterschiedlichen Reaktionsweisen, Eigenschaftsveränderungen, Resistenzerwerbung usw. finden sich bei Tumoren des Menschen ebenso wie bei Tieren.

Wie wir in unseren späteren Untersuchungen an Tumoren des Menschen bei gleicher Technik und Methodik zeigen können, besteht diese Annahme z. T. zu Recht. Die nächsten Abbildungen (9, 10, 11) zeigen zunächst das Wachstum des unbestrahlten Walker-Carcinoms, die Beeinflussung durch eine Verabreichung von 1500 R mit Caesium 137-γ-Strahlen einmal wöchentlich und das Tumorwachstum bei einer täglichen Bestrahlung mit 250 R bei einer Beobachtungszeit bis zu

30 Tagen. Die Kurven lassen eindrucksvoll erkennen, daß die Erstdosis von 1500 R das Tumorwachstum in den nächsten Tagen zum Stehen bringt und daß nach einer Gesamtdosis von 4500 R ein Wachstumsstillstand eintritt und eine langsame Regression beginnt. Bei der täglichen Bestrahlung mit 250 R kommt es nach Beginn der Bestrahlung vom 10. Tag an bis zum 15. Tag zu einem starken Weiterwachstum, dann aber zu einer kontinuierlich starken Regression bis zum 30. Tag, die ebenso eindrucksvoll ist wie die bei der hochdosierten wöchentlichen Fraktionierung. Bei den Absterbekurven hingegen schneidet die hochdosierte, wöchentlich fraktionierte Bestrahlungsmethode besser ab als die niedere Einzeldosis.

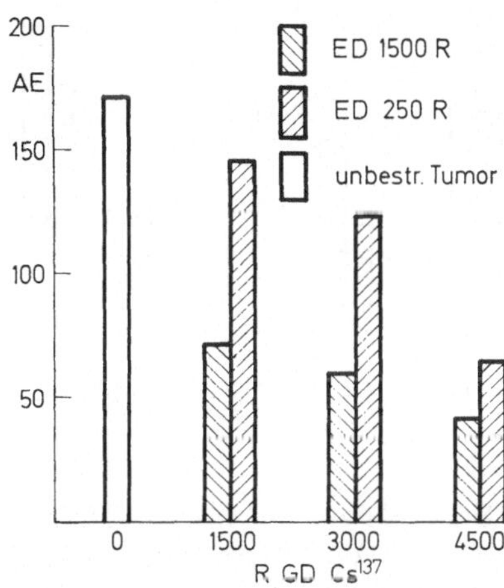

Abb. 12. DNS-Gehalt im Kern nach Bestrahlung (Feulgen-Färbung)

Dieser Einfluß auf die Wachstumskinetik des Walker-Carcino-Sarkom wird besonders deutlich bei der mikrospektrophotometrischen Bestimmung der DNS im feulgengefärbten histologischen Präparat. Hier findet sich eine starke Abnahme des DNS-Gehaltes im Kern nach der Einzeldosis von 1500 R im Gegensatz zur niedrigen Einzeldosis (Abb. 12).

Diese stärkere Anfangswirkung wird jedoch am Ende der Bestrahlung von der stärkeren Fraktionierung nahezu erreicht.

Zur Gegenüberstellung verwendeten wir die Gallocyanin-Chromalaunfärbung nach Einarsson und bestimmten auch mit dieser Färbung cytospektrophotometrisch die DNS im Karyoplasma, die RNS im Nucleolus und die RNS im Cytoplasma. Auch hier zeigte sich, daß die Einzeldosis von 1500 R zu anfangs starker Verminderung der DNS-Gehalte im Karyoplasma, weniger zur Verminderung der RNS im Nucleolus und Cytoplasma führt. Die Wirkung ist so stark, daß sie im Verlauf der weiteren Bestrahlung nicht mehr verstärkt wird. Bei der Einzeldosis von 250 R kommt es sogar zu einer anfänglichen Zunahme der DNS im Caryoplasma sowie der RNS im Nucleolus und Cytoplasma.

Erst im weiteren Verlauf gegen Ende der Bestrahlungsserie sinkt der Gehalt der Nucleinsäuren in den verschiedenen Zellkompartimenten. Besonders stark fällt die RNS im Cytoplasma bei der Einzeldosis von 1500 R ab – im Gegensatz zur DNS im Caryoplasma (Abb. 13).

Somit scheint die cytoplasmatische RNS am stärksten durch die hohe Einzeldosis beeinflußt zu werden. Man kann also folgern, daß bei der strahlensensiblen DNS bereits bei 1500 R eine Sättigungswirkung aufgetreten sein könnte, so daß die Erhöhung der Dosis über einen bestimmten Grenzwert hier keinen Gewinn mehr bringt (Abb. 14).

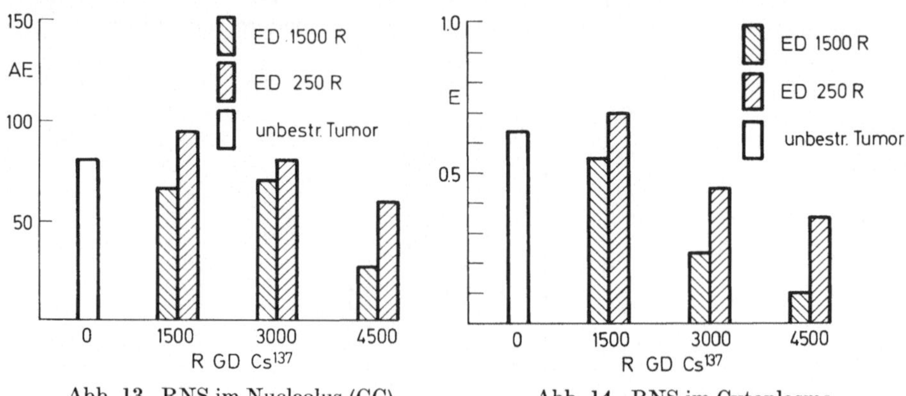

Abb. 13. RNS im Nucleolus (GC)

Abb. 14. RNS im Cytoplasma

Dies entspricht den Ergebnissen von Heel u. Holmes, Elkind sowie Berry u. Oliver. Auch die histologischen Veränderungen bestätigen dieses Ergebnis. Für die Ribonucleinsäure im Nucleolus und Cytoplasma gilt ebenfalls die höhere Einzeldosis als wirksamer als die niedrige Einzeldosis bei gleicher Gesamtdosis. Bei allen mit der Gallocyanin-Alaunfärbung gewonnenen Nucleinsäurewerten sind die der niederen Fraktionierung höher als der Nullwert im Gegensatz zur hohen Einzeldosis. Auch Mitchell fand nach 1000 R Einzeldosis eine Zunahme der RNS im Plasma. Offensichtlich findet man unterhalb einer bestimmten Grenzdosis eine überschießende Kompensation der Strahlenwirkung. Wird jedoch das Synthesesystem in einem bestimmten Ausmaß geschädigt, so kommt es zur Dekompensation. Andreeff konnte bei seinen Messungen die Ergebnisse von Hobik u. Grundmann sowie Fautrez bestätigen, die eine Proportionalität zwischen DNS-Gehalt und Kernvolumen feststellten und darüber hinaus eine Abhängigkeit für den RNS-Gehalt des Nucleolus nachwiesen.

Diese Beziehung gilt sowohl für bestrahlte als auch für unbestrahlte Tumorzellen. Die Ergebnisse brachten den Beweis, daß die hohe Einzeldosis hinsichtlich Tumorwachstum und Schädigung der DNS- bzw. RNS-Synthese der üblichen Einzeldosis und Fraktionierung überlegen ist. Sie bestätigen damit auch die Experimente zahlreicher anderer Autoren und die theoretischen Überlegungen von Strandqvist, Ellis und Wideröe.

Medau hat bei menschlichem Tumorgewebe (Hautmetastasen von Mammacarcinom, angioplastisches Sarkom bei Mammacarcinom, Portiocarcinom und Carcinom der Parotis) sowohl in unbestrahltem Zustand wie an Gewebe, das während der gesamten Bestrahlungsserie in regelmäßigen Abständen entnommen

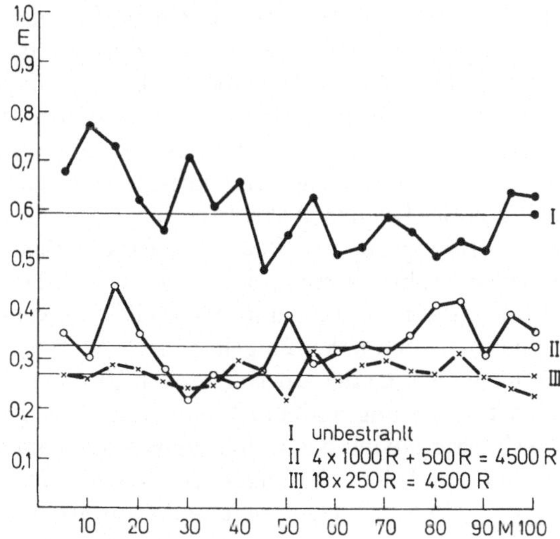

Abb. 15. Histophotometrische Veränderungen an Zellen eines Mammacarcinoms nach Elektronenbestrahlung

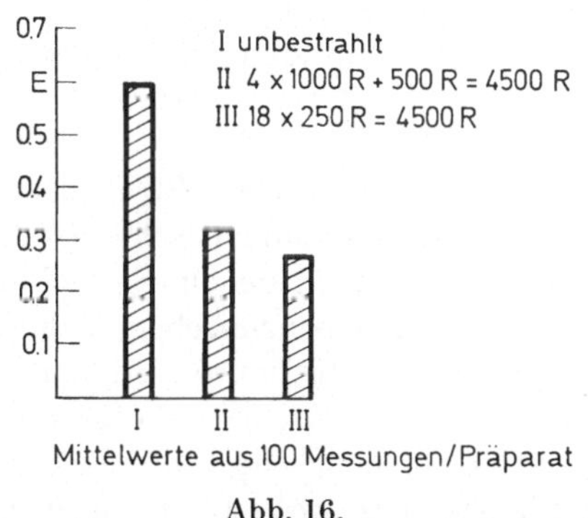

Abb. 16.

wurde, mikrospektrophotometrische Untersuchungen am feulgengefärbten Präparat vorgenommen. Man kann zum einen sehr exakt die Wirkung der Bestrahlung auf den DNS-Gehalt der Tumorzellkerne nachweisen, zum anderen findet sich eine eindeutige Relation zwischen Gesamtdosis und DNS-Gehalt der Zellen. Hingegen sind die Unterschiede zwischen Bestrahlungsserie mit hoher Einzeldosis und wöchentlicher Fraktionierung im Gegensatz zu niederer Einzeldosis und täglicher Fraktionierung nicht so ausgeprägt wie bei dem vorher beschriebenen Tierversuch. Die Ergebnisse schwanken von Tumor zu Tumor: Teils ist die höhere Fraktionierung effektiver, teils werden mit der gleichen Gesamtdosis gleich gute Resultate erzielt (Abb. 15/16).

Wir müssen also aus den Ergebnissen an menschlichen Tumoren folgern, daß bei gleicher Gesamtdosis und üblicher täglicher Fraktionierung mit Einzeldosen zwischen 200–300 R gleichgute strahlentherapeutische Resultate erzielt werden können. Zumindest liefern die cytospektrophotometrischen Untersuchungen an menschlichen Tumoren verschiedener Herkunft einen Hinweis, daß diese auf die strahlentherapeutischen Maßnahmen verschieden reagieren; das lehrt ja auch die Erfahrung. Insgesamt sind die am Walker-Carcinosarkom erhobenen Befunde als wesentlich günstiger für die hohe Einzeldosierung anzusehen als die Ergebnisse, die an menschlichen Tumoren gewonnen wurden. Die klinische Erfahrung und Beobachtungen stimmen mit denen des Tierexperimentes dahingehend überein, daß die hohe Einzeldosis rascher das Wachstum der Tumoren blockiert und daß die Rückbildung und Verhinderung von Rezidiven etwa ähnliche Gesamtdosen erfordern wie bei täglicher Fraktionierung. Wir werden bei der Besprechung der klinischen Beobachtungen auf die Vor- und Nachteile der verschiedenen Dosierungs- und Fraktionierungsmodi näher eingehen.

Zunächst sei hier noch über die tierexperimentellen Untersuchungen und Ergebnisse mit verschiedener Dosierung und Fraktionierung an Normalgewebe berichtet. Wieland hat hierbei am Modell des Lungengewebes, einem Gewebe mit mittlerer Strahlensensibilität, und dem Nierengewebe, welches als strahlenresistenter zu bezeichnen ist, histologisch-histochemische und szintigraphische Untersuchungen durchgeführt, um die morphologischen und funktionellen Schädigungen bei hochdosierter oder üblicher Fraktionierung zu studieren. Gleichzeitig wurden im Serum der Tiere Veränderungen der Hexosen und Hexosamine bestimmt, die, wie die Untersuchungen von Kärcher u. Mitarb. zeigen konnten, in Korrelation zur depolymerisierenden Wirkung der ionisierenden Strahlen am Bindegewebe und der Grundsubstanz stehen dürften.

Wieland fand die stärkere Wirkung der hohen Einzeldosis sowohl auf die histologisch-histochemischen morphologischen Strukturen als auch auf die Durchblutung, die statistisch signifikant planimetrisch aus den Szintigrammen von Lungen und Nieren unter den verschiedenen Bestrahlungsbedingungen ermittelt werden konnten. Auch die biochemischen Ergebnisse korrelierten mit diesen Untersuchungsergebnissen. Man kann somit aus den tierexperimentellen Untersuchungen folgendes Resümee ziehen: Autoradiographische und mikrospektrophotometrische wie histochemische Untersuchungen konnten eindeutig die stärkere Wirkung der hohen Einzeldosis auf Tumorwachstum, DNS- und RNS-Synthese beweisen. Am Normalgewebe kommt es jedoch ebenfalls zu einer starken morphologischen, biochemischen und funktionellen Schädigung. Berücksichtigt man die Tatsache, daß mikrospektrophotometrisch gewonnene Ergebnisse an menschlichen Tumoren zu nahezu gleich guten therapeutischen Resultaten mit der üblichen Dosierung und Fraktionierung führen, so ist der mit der hohen Einzeldosis und anderer Fraktionierung gewonnene Erfolg der anfänglichen Blockierung des Tumorwachstums im weiteren Verlauf der Bestrahlung mehr als fragwürdig, da die Schädigung des gesunden Umgebungsgewebes sowohl parenchymatöser Organe als auch des periblastomatösen Bindegewebes beträchtliche Ausmaße erreicht. Berücksichtigt man, daß die Untersuchungen am Walker-Carcinom-Sarkom der Ratte lediglich eine Bestrahlung des Tumorgewebes erforderlich machte und keine Bestrahlung nennenswerten gesunden Normalgewebes erfolgte, dann erkennt man hier die Fragwürdigkeit der Übertragung solcher Untersuchungsergebnisse auf die klinische Strahlentherapie.

In den folgenden klinischen Mitteilungen wollen wir versuchen, klar abzugrenzen, ob die hohe Einzeldosis in der heutigen Strahlentherapie eine Berechtigung hat und, wenn ja, wann und wo diese hohe Einzeldosis angewendet werden sollte. Des weiteren sollen die Gefahren und Nebenwirkungen dieser Bestrahlungsmethode herausgestellt und dabei gleichzeitig auf die heute noch bestehenden Grenzen der klinischen Strahlentherapie hingewiesen werden.

IV. Klinische Beobachtungen und Erfahrungen mit verschiedener Dosierung und Fraktionierung

Unsere Erfahrungen mit unterschiedlicher Dosierung und Fraktionierung – insbesondere mit der hohen Einzeldosis bei einmaliger wöchentlicher Verabreichung – wurden in der Hauptsache mit Elektronen von 6–15 MeV Energie und Caesium 137-γ-Strahlung gesammelt. Bei der Kobalt 60-Teletherapie wurden höhere Einzeldosen als üblich in einem anderen Fraktionierungsrhythmus lediglich unter Verwendung hyperbaren Sauerstoffs verabreicht. Es wird daher über diese Erfahrungen in einem besonderen Kapitel zu berichten sein.

Bereits vor 10 Jahren haben wir, in erster Linie aus ökonomischen Gründen, bei der Bestrahlung großer metastatisch veränderter Hautareale, insbesondere bei Lymphangiosis carcinomatosa cutis des Mammacarcinoms, die hohe Einzeldosis von 1000 R pro Woche angewendet. Da es hiermit gelang, den ausgedehnten, sich rasch ausbreitenden Prozessen Einhalt zu gebieten und ausgezeichnete palliative Erfolge zu erreichen, wurden in den weiteren Jahren verschiedene Einzeldosen und Fraktionierungrhythmen auf ihre Wirksamkeit bei der Strahlentherapie mit hochenergetischen Elektronen untersucht (Abb. 17 und 18).

Die Einzeldosen wurden von der üblichen 200-R-Dosis über 300 R, 400 R, 500 R und 1000 R in unterschiedlichem Rhythmus appliziert. Die Dosis von 1000 R

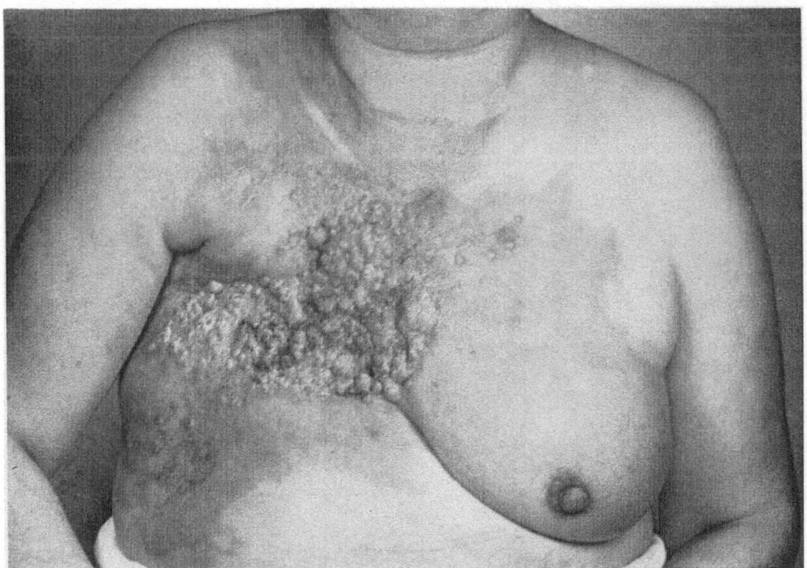

Abb. 17. Lymphangiosis carcinomatosa cutis (Cancer en cuirasse) bei Mammacarcinom pos t op. vor Bestrahlung

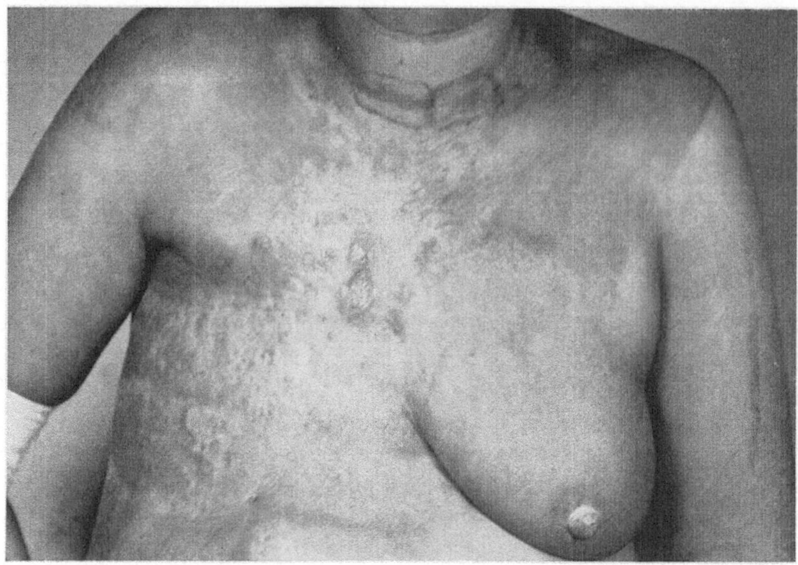

Abb. 18. Zustand nach Bestrahlung mit 1000 R ED und 4000 R GD Elektronen von 15 MeV und 5040 R Caesium γ-Strahlen auf die linke Mamma

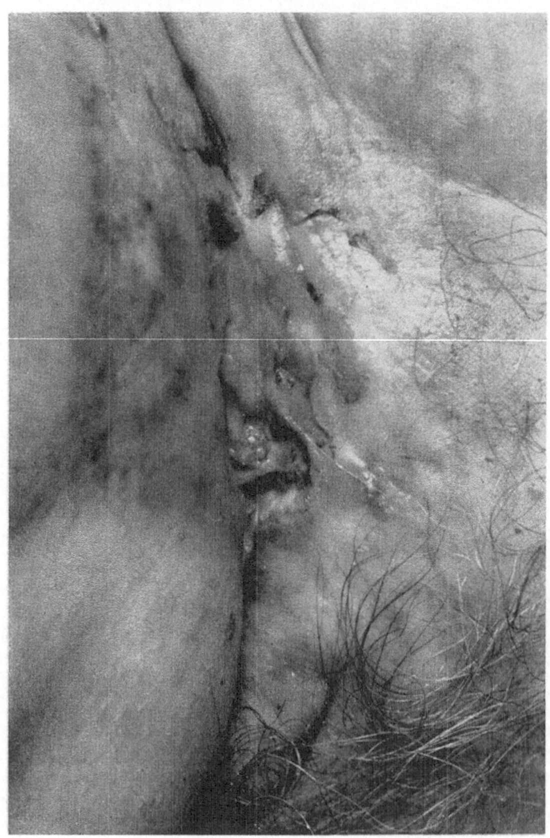

Abb. 19. Derbe Narbenplatte und Ulcusbildung im Inguinalbereich nach 3000 R GD. Einzeldosis von 1000 R mit 15 MeV Elektronen bei Bestrahlung von Lymphknotenmetastasen eines Melanoms

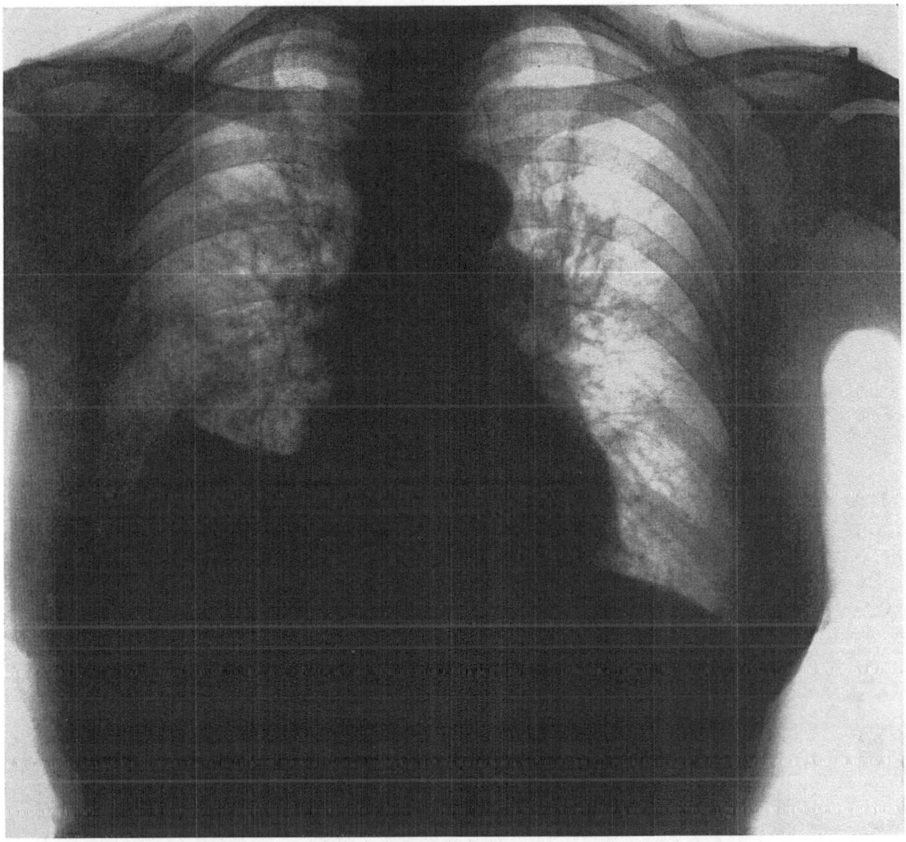

Abb. 20 a

Abb. 20 a u. b. (Röntgenoriginalaufnahmen). Ausgeprägte Lungenfibrose ventral nach Bestrahlung lenticulärer Hautmetastasen eines Mammacarcinoms mit 1000 R ED Elektronen von 15 MeV auf die rechte Thoraxhälfte. GD 4000 R

gaben wir einmal pro Woche, die Dosis von 200 R sechsmal pro Woche; die dazwischenliegenden höheren Einzeldosen wurden im 48-Std- bzw. 72-Std-Rhythmus gegeben. Weitzel hat über die klinische Rückbildung der Hautmetastasen sowie der beobachteten Hautreaktionen, Kärcher über die histologischen Veränderungen der Haut und des Tumorgewebes berichtet. Der klinische Eindruck dieser Untersuchungsserie schien die Befunde von Schumacher sowie die experimentellen Untersuchungen von Kärcher u. Kato sowie Barth u. Mitarb. vollauf zu bestätigen. Durch die höhere Einzeldosis kam es zur Blockierung des Tumorwachstums, und in zahlreichen Fällen gelang es somit, die Krankheit unter Kontrolle zu bringen; das war mit den üblichen Dosierungs- und Fraktionierungsschemata in vielen Fällen nicht möglich. Die zwischen der üblichen Fraktionierung und Dosierung sowie der hohen Einzeldosis und wöchentlichen Applikation liegenden Schemata brachten keine neuen Gesichtspunkte oder Vorteile.

Die hohe Einzeldosis und andere Fraktionierungsrhythmen wurden auch bei Verwendung von Caesium 137 γ-Strahlung angewendet. In der Hauptsache

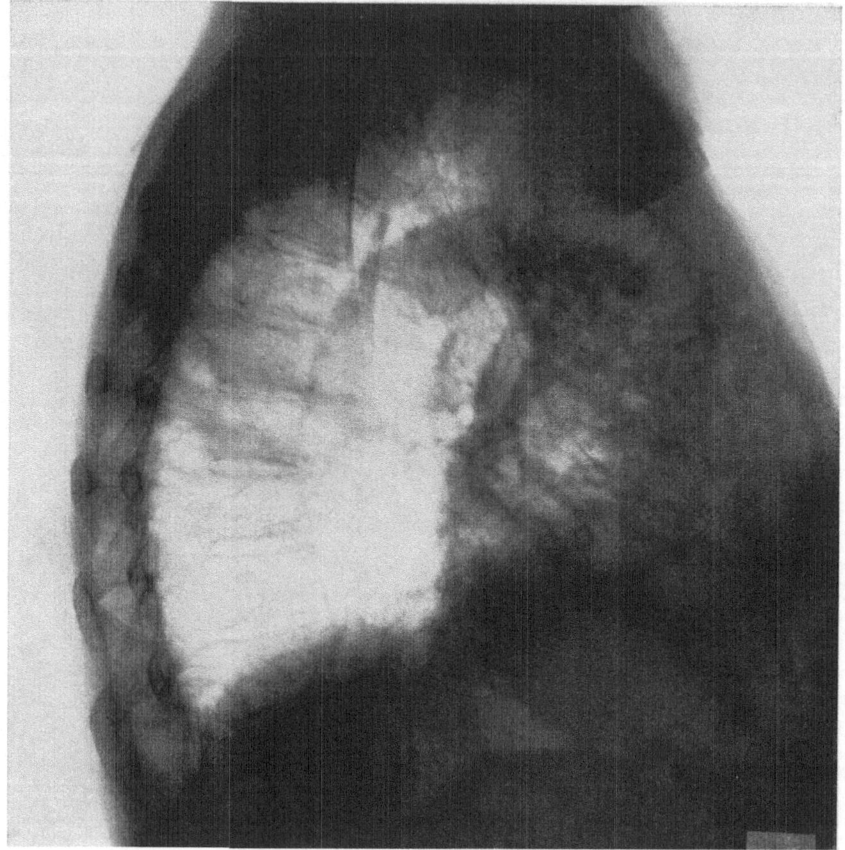

Abb. 20b

handelte es sich hierbei um relativ oberflächennah gelegene Tumoren wie inoperable Mammacarcinome, ausgedehnte Nebenhöhlentumoren, periphere Bronchialcarcinome, Pancoast-Tumoren, Knochenmetastasen und Lymphknotenmetastasen. Gegenübergestellt wurden die übliche Dosierung und Fraktionierung sowie die unterbrochene Serienbestrahlung. Die hohe Einzeldosis und wöchentliche Fraktionierung wurde vor allem bei großen Tumorprozessen und bei primär als strahlenresistent zu betrachtenden Tumoren eingesetzt. Wie das Beispiel eines Mammacarcinoms Stadium T 3 N 2 M 0 bei einer Patientin zeigt, die die Operation verweigerte, wurde durch eine Bestrahlung von 1000 R ED und eine Gesamtdosis von 5000 R auf den Tumor und die regionären Lymphabflußgebiete eine bisher 2jährige Erscheinungsfreiheit erzielt. Gute Rückbildungen wurden auch an anderen Lokalisationen und bei anderen Tumoren erreicht. Aber es muß hier herausgestellt werden, daß diese Dosierung und Fraktionierung auch einen erheblich stärkeren Effekt am normalen Umgebungsgewebe hat: An der durchstrahlten Haut kommt es zu Spätveränderungen im Sinne von derben Narbenplatten, besonders bei ausgeprägtem subcutanen Fettpolster; in den Leistenbeugen treten durch die leichte

Vulnerabilität der Haut in diesem Bereich Ulcerationen, Sekundärinfektionen und phagedaenische Nekrosen auf, die bis auf die Fascie und Gefäßscheide reichen können. Diese Beobachtungen konnten wir sowohl nach hochdosierter Elektronen- wie nach γ-Bestrahlung machen (Abb. 19).

Bei Lymphknotenmetastasen eines Vulvacarcinoms, Peniscarcinoms und Melanoms entstanden hierdurch nur z. T. chirurchisch korrigierbare Spätveränderungen in einem Dosisbereich zwischen 4000–7000 R. Weitere Komplikationen können schwere Arm- und Beinödeme sowie Plexuslähmungen sein. Bei der Bestrahlung von Lungenprozessen kommt es fast immer zu ausgedehnten Lungenfibrosen, die vor allem bei Wahl großer Felder eine ersnte Komplikation für die Herzfunktion darstellen (Abb. 20 a und b). Völlig verbietet sich eine solche Dosierung und Fraktionierung bei der Durchstrahlung parenchymatöser Organe und des Darmes, des Oesophagus, des Kehlkopfes und des Gehirns.

V. Diskussion

Auf Grund unserer eingehenden experimentellen Untersuchungen kommen wir zu der Auffassung, daß die Einzeldosis von 1000 R eine wesentlich nachhaltigere Wirkung auf die DNS- und RNS-Synthese, die Tumorwachstumsrate und -rückbildung beim Walker-Carcinosarkom der Ratte hat. Dies war sowohl bei Verwendung von hochenergetischen Elektronen als auch bei Caesium 137-γ-Strahlung nachweisbar. Die unterbrochene Serienbestrahlung hat einen ahnlichen Effekt wie die üblichen Dosierung und Fraktionierung, aber eine bessere Überlebensrate. Die bei Tumoren des Menschen mit der Mikrospektrophotometrie gefundenen Ergebnisse stimmen nur teilweise hiermit überein. Man kann eine von Tumor zu Tumor schwankende Empfindlichkeit gegenüber der Strahlung und Dosierung feststellen. Die übliche Dosierung und Fraktionierung schnitt hierbei kaum schlechter ab. Bei makroskopischen und mikroskopischen Beobachtungen im Tierexperiment und am Menschen konnte ebenfalls eindeutig die stärkere Beeinflussung und Schädigung des Normalgewebes bei hochdosierter Elektronen- und γ-Bestrahlung nachgewiesen werden. Die Nebenwirkungen sind bei zahlreichen Tumorlokalisationen so heftig, daß diese hohe Dosierung und andersartige Fraktionierung nur bei wenigen, streng beachteten Indikationen angewendet und vom strahlentherapeutischen Standpunkt aus vertreten werden kann. Bei Nichtbeachtung dieser Tatsache kann es zu schweren Schädigungen kommen, die trotz der Vernichtung des Tumorgewebes zu fortschreitendem Kräfteverfall durch Nekrosenbildung und Sekundärinfektion und damit zum letalen Ausgang führen.

Diese Bestrahlungsmethode ist nach unseren langjährigen Erfahrungen nur bei oberflächennahen oder halbtief gelegenen Herden, primär als strahlenresistent zu bezeichnenden Geschwülsten und bei besonders ausgedehnten Prozessen unter Beachtung besonderer Vorsichtsmaßnahme zu verantworten. Hierzu gehören: Cancer en cuirasse bei Mammacarcinom (eine Domäne der Bestrahlung mit hochenergetischen Elektronen), Melanome und ausgedehnte Lymphknotenmetastasen bei Plattenepithel- und Adenocarcinomen sowie Sarkome.

In der Inguinal- und Supraclavicularregion sollte bei solch hohen Einzeldosen die Gesamtherddosis jedoch tunlichst nicht über 3000 R liegen. Besser bewährt hat sich hier die Gabe einer sog. Kompensationsdosis von 1000–2000 R und nach einer Pause von 14 Tagen die Fortsetzung mit der üblichen täglichen Bestrahlung mit einer ED von 250 R. Es kommt hierdurch zu einem sofortigen Stop des Wachstums, guter initialer Rückbildung und besserem Ansprechen resistenter Tumoren bei gleicher Tumordosis von 5000–6000 R.

Wir möchten mit der Feststellung schließen, daß zwar die Tierexperimente und Beobachtungen am Menschen für eine stärkere tumorzelltötende Wirkung höherer Einzeldosen sprechen, andererseits die Reaktion des Normalgewebes eine allgemeine Anwendung dieses Therapieschemas verbietet. Von einer Steigerung der Elektivität kann nicht die Rede sein. Die Indikationen sind daher sehr eng begrenzt. Für die Praxis empfiehlt sich noch am ehesten die unterbrochene Serienbestrahlung, besonders bei allgemein geschwächten Patienten und zum Versuch der Durchbrechung einer Strahlenresistenz. Trotz aller Bemühungen ist jedoch die langjährig bewährte Einzeldosis von 200–300 R und die tägliche Fraktionierung in ihrer klinischen Überlegenheit nicht zu erschüttern gewesen. Wir glauben, daß diese in Anbetracht der zahlreichen Mitteilungen und Versuche der letzten Jahre etwas ernüchternde Feststellung die Grenzen der klinischen Strahlentherapie aufzeigt, die man beim heutigen Stand der Technik einfach noch akzeptieren muß.

Literatur

Alexander, P., Bacq, Z. M.: The nature of the initial radiation damage at the subcellular level. In: The initial effects of ionizing radiations on cells. Ed. by Harris, R. I. C., London-New York: Acad. Press 1961.

Andreeff, M.: Über den Einfluß der Fraktionierung ionisierender Strahlen auf die Synthese der Nukleinsäuren in Tumorzellen, das Tumorwachstum und die Überlebenszeit der Versuchstiere. Dissertation Heidelberg, 1968.

Atkins, H. L.: Massive single dose weekly fractionation. Technique in treatment of head and neck cancer. Amer. J. Roentgenol. **91**, 50 (1964).

Bacq, Z. M., Alexander, P.: Grundlagen der Strahlenbiologie. Stuttgart: Thieme, 1958.

Barendsen, G. W.: Damage to the reproductive capacity of human cells in tissue culture by ionizing radiation of different linear-transfer. in: The initial effects of ionizing radiation of cells. Ed. R. J. C. Harris, London: Acad. Press, 1961.

Barth, G., Wachsmann, F.: Wirkung von normalen und ultraharten Strahlen auf Tumoren. Strahlentherapie **93**, 395 (1954).

Barth, G.: Klinisch strahlenbiologische Untersuchungen zur unterschiedlichen Wirksamkeit verschiedener zeitlicher Dosisverteilungen. Dtsch. Röntgenkongreß 1964, Sdbd. zur Strahlentherapie 61, Teil B, München-Berlin: Urban & Schwarzenberg.

– Böhmer, D., Wachsmann, F.:Experimentelle Untersuchungen zur Frage der Pausendauer bei der Strahlentherapie bösartiger Tumoren. Strahlentherapie **109**, 599 (1959).

– Graebner, H., Wachsmann, F.: Zur Frage der optimalen Pausendauer bei Strahlentherapie schnell wachsender bösartiger Tumoren. Strahlentherapie **112**, 250–256 (1960).

– Wachsmann, F.: Wirkung von normalen und ultraharten Strahlen auf Tumoren. Strahlentherapie **93**, 395 (1954).

Becker, J.: Klinische Erfahrungen mit dem Betatron. Dtsch. med. Wschr. **80**, 920 (1955).

– Kärcher, K. H.: Die Bedeutung der klinischen Strahlenpathologie. Strahlentherapie **118**, 2 (1962).

– Schubert, G.: Die Supervolttherapie. Stuttgart: Thieme 1961.

– Weitzel, G.: Dreijährige Erfahrungen mit dem 15 MeV-Siemens-Betatron. Strahlentherapie **101**, 167 (1956).

Beltz, R. E., von Lancker, J., van Potter, R.: Nucleid acid metabolism in regenerating liver. IV. The effect of x-radiation of the whole body on nucleic acid synthesis in vivo. Cancer Res. **17**, 688 (1957).

Borak, J.: Die Beziehungen zwischen der Strahlenempfindlichkeit maligner Tumoren und ihrem Muttergewebe. Strahlentherapie **58**, 560 (1937).
— Die biologischen Grundlagen der fraktionierten Bestrahlungsmethode bösartiger Geschwülste. Strahlentherapie **61**, 63—83 (1938).
Casperson, T.: Über den chemischen Aufbau der Strukturen des Zellkerns. Scand. Arch. Physiol. **73**, Suppl. 8 (1936).
— Cell Research **1**, (1950).
— Eine Instrumentenausrüstung für quantitative Cytochemie. Acta histochem. **9**, 139 (1960).
Chaoul, H.: Die Nahbestrahlung. Leipzig 1944.
Chèvremont, M.: Zit. nach G. Kiefer und W. Sandritter: Die Nukleinsäuren des Cytoplasmas. In: Protoplasmatologia, Bd. II, B, 2, b, E. Wien-New York: Springer 1966.
Clemens, H., Hofmann, D., Keep, R.: Über die Auswirkung der Fraktionierung auf die Elektivität bei Bestrahlung mit schnellen Elektronen. Strahlentherapie **109**, 169—178 (1959).
Coutard, H., Baclesse, F.: Zit. nach H. R. Schinz: 60 Jahre Medizinische Radiologie. Probleme und Empirie. Stuttgart: Thieme 1959.
Dewey, W. C., Humphrey, R. M.: Rad. Res. **16**, 503 (1962).
Dittrich, W., Schubert, G.: Der Wirkungsmechanismus schneller Elektronen in biologischer Materie. Strahlentherapie **92**, 532 (1953).
Du Sault, L. A.: The influence of the time factor on the dose-response curve. Amer. J. Roentgenol. **87**, 567 (1962).
Edelmann, H., Holtz, S., Powers, E. E.: Rapid radiotherapy for inoperable carcinoma of the breast. Benefits and complications. Amer. J. Roentgenol. **93**, 585—599 (1965).
Einarson, L., Hansen, E., Krüger, H. G.: Das elektrische Leitz-Mikroskop-Photometer MPE und seine Anwendung in der Cytophotometrie. Leitz-Mitt. Wiss. und Technik Bd./III, Nr. 5, Wetzlar 1965.
Ellis, F.: Fractionation and dose-rate. I. The dose-time relationship in radiotherapy. Brit. J. Radiol. **36**, 423 (1963).
Elkind, M. M.: Cellular aspects of tumor therapy. Radiology, **74**, 529 (1960).
Fasske, E., Themann, H.: Elektronenmikroskopische Befunde an isolierter DNS. Vor und nach Einfluß ionisierender Strahlen. In: Strahlenpathologie der Zelle. Stuttgart: Thieme 1963.
Fautrez, J.: Teneur en ADN et volume nucléaire. In: Handbuch der Histochemie, Bd. III Nukleinsäuren, 3. Teil. Hrsg. Graumann, Neumann. Stuttgart: Fischer 1966.
Feulgen, R., Roßenbeck, H.: Mikroskopisch-chemischer Nachweis einer Nukleinsäure vom Typ Thymusnukleinsäure und die darauf beruhende elektive Färbung von Zellkernen in mikroskopischen Präparaten. Z. physiol. Chem. **135**, 203 (1924).
Freund, L.: Ein mit Röntgenstrahlen behandelter Fall von Naevus pilosus piliferus. Wien. med. Wschr. 428 (1897).
— Zur Geschichte der Schwachbestrahlung. Strahlentherapie **23**, 593 (1927).
— Die gegenwärtige Methode und Erfolge der Krebsbestrahlung mit verteilten Dosen. Strahlentherapie **37**, 795 (1930).
Friedrich, W., Krönig, B.: Zit. nach H. R. Schinz: 60 Jahre Medizinische Radiologie. Probleme und Empirie. Stuttgart: Thieme 1959.
Fritz-Niggli, H.: Strahlenbiologie. Stuttgart: Thieme 1959.
Gärtner, H.: Strahlenbiologische Untersuchungen mit schnellen Elektronen und Röntgenstrahlen an Gewebekulturen. Strahlentherapie **82**, 539 (1950).
Gavalá, S., Wachsmann, F.: Über die Wirkung einzeitig und fraktioniert verabreichter Röntgenstrahlen auf Rattenhoden. Strahlentherapie **118**, 153—158 (1962).
Glauner, R.: Die Entzündungsbestrahlung. Stuttgart: Thieme 1951.
Glockner, R., Langendorff, H., Reiß, A.: Gesetzmäßigkeiten der Zeitfaktorwirkung bei Röntgenbestrahlung. Strahlentherapie **42**, 148 (1931).
Graumann, W, Neumann, U.: Handbuch der Histochemie. Bd. I, Teil 1. Stuttgart: Fischer 1958.
Grundmann, E.: Die Zystospektrophotometrie im sichtbaren Spektralbereich. In: Zyto- und Histochemie in der Hämatologie. Hrsg. H. Merker, 9. Freiburger Symposium 1962, Göttingen-Berlin-Heidelberg: Springer 1963.

Grünzig, G.: Volumetrische und autoradiographische Untersuchung über den Einfluß von Zeit und Dosis auf das Wachstum experimenteller Tiertumoren. Dissertation Heidelberg, 1968.

Harbers, E.: Zit. nach E. Scherer und H. St. Stender: Strahlenpathologie der Zelle. Stuttgart: Thieme 1963.

Harms, I., Kuttig, H.: Physikalisch-technische Grundlage der Strahlentherapie mit Caesium-137 Röntgenblätter **18**, 10 (1965).

Hilwig, S.: Der Einfluß der Einzeldosis und der Fraktionierung auf das Wachstum des Walker-Carcinoms der Ratte bei Bestrahlung mit schnellen Elektronen. Dissertation Heidelberg, 1966.

Hobik, H. P.: Quantitative Veränderungen der DNS und RNS in der Rattenleberzelle während der Carcinogenese durch Diäthylnitrosamin. Beitr. path. Anat. **127**, 25 (1962).

Hofmann, D., Wachsmann, F.: Ergebnisse der vergleichsweisen Bestrahlung von Impftumoren mit Röntgenstrahlung von 180 kV und schnellen Elektronen von 5 MeV. Strahlentherapie **86**, 288 (1952).

Holfelder, H.: Die geeignete zeitliche Verteilung der Röntgendosis, „das Problem" in der Strahlentherapie. Arch. f. klin. Chir. **1/2**, 134 (1925).

Holthusen, H.: Beiträge zur Biologie der Strahlenwirkung. Untersuchung an Ascarideneiern. Arch. Physiol. **1**, 187 (1921).

— Der Zeitfaktor bei der Röntgenbestrahlung. Vortrag, gehalten auf der Vortragsreihe der Dtsch. Röntgengesellschaft und Gesellschaft für Strahlentherapie in Bonn am 30. 10. 1925, veröffentlicht: Strahlentherapie **21**, 275 (1926).

— Frage der räumlichen und zeitlichen Verteilung der Dosis. Strahlentherapie **21**, 275 (1926).

Holzknecht, G.: Das Chromoradiometer. Congr. Int. d'Electr., 1902.

— Röntgentherapie, Revision und neuere Entwicklung. 9 Vorträge. München: Urban & Schwarzenberg 1924.

— Schwachbestrahlung. Strahlentherapie **24**, 722 (1927).

— Pordes, F.: Zur Erkenntnis vom Wesen der Röntgenwirkung. Strahlentherapie **20**, 555 (1925).

Howard, E., Harrington, A.: Zit. nach E. Scherer und H.-St. Stender: Strahlenpathologie der Zelle. Stuttgart: Thieme 1963.

— Kelly, G.: Zit. nach E. Scherer und H.-St. Stender: Strahlenpathologie der Zelle. Stuttgart: Thieme 1963.

Hug, O.: Die akuten Allgemeinreaktionen bei Ganz- und Teilkörperbestrahlung. In: Strahlenbiologie, Strahlentherapie, Nuklearmedizin und Krebsforschung. Ergebnisse 1952—1958. Stuttgart: Thieme 1959.

Kahlstorf, A., Zuppinger, A.: Unsere Erfahrungen mit der protrahiertfraktionierten Röntgenbestrahlung nach Coutard. Strahlentherapie **38**, 199 (1930).

Kärcher, K. H.: Der heutige Stand der Forschung auf dem Gebiet der relativen biologischen Wirksamkeit schneller Elektronen. Röntgenblätter **18**, 208 (1965).

— Choné, Bauer, H., Kleibel, F.: Einführung in die klinisch-experimentelle Radiologie. München: Urban & Schwarzenberg 1964.

— Kato, H. T.: Die Veränderungen der Isoenzyme der Laktat-Dehydrogenase nach Einwirkung ionisierender Strahlen. III. Mitteilung: Ergebnisse der Untersuchung der LDH-Isoenzyme der Strahlentherapie. Strahlentherapie **127**, 439—451 (1965).

— Ein Beitrag zum Dosiszeitproblem bei der Therapie mit hochenergetischen Elektronen. Fortschr. Röntgenstr. **105**, 3, 353—364 (1964).

Kienböck, R.: Zit. nach A. Köhler: Aus den ersten Jahren der Röntgentiefentherapie. Strahlentherapie **10**, 585 (1920).

— Zur Geschichte der Strahlenmessung. Strahlentherapie **56**, 106 (1936).

Kingery, R.: Saturation in roentgentherapy. Its estimation and maintenance. A policlinary report. Arch. of derm. J. syph. **1**, 423 (1920).

Krönig, B., Friedrich, W.: Die Strahlenbehandlung des Brustkrebses in einer einmaligen Sitzung, Festlegung der Karcinomdosis. Münch. med. Wschr. **41**, 1445 (1916).

— Physikalische und biologische Grundlagen der Strahlentherapie. Sdbd. III zur Strahlentherapie. München: Urban & Schwarzenberg 1918.

Künkel, H. A.: Zur Frage der Strahlenbelastung des Zellkerns durch Inkorporation von tritium-markiertem Thymidin. Strahlentherapie **118**, 46 (1962).

Lettré, H.: Neuere Ergebnisse der experimentellen Krebsforschung. Strahlentherapie **92**, 5 (1953).

Linden, W. A.: Zur Frage des biologischen Dosisäquivalents von Co^{60}-Gamma und 200 kV-Röntgenstrahlung. 3. Mitt.: Strahlenbiologische Untersuchungen am Walker-Carcinom der Ratte. Dtsch. Röntgenkongreß 1963, Teil B. München-Berlin: Urban & Schwarzenberg 1964.

Linser, P., Baermann, G.: Über die lokale und allgemeine Wirkung der Röntgenstrahlen. Münch. med. Wschr. **23**, 996—999 (1904).

Linser, H.: Das Wachstum lebender Systeme. Umschau **12**, 381 (1967).

Lupo, M., Pisani, G., Colombo, V.: Nuovi concetti sulla radiosensibilitá terrutale a diverse modalitá di frazionamento della dose radiazioni ionizzanti da 200 kV a 1,25 MeV. Studio istologico e istocitochimico. Minerva fisioter. (Torino) 5, 5 (1960).

Maass, H., Schulz, K. D.: Strahlenempfindlichkeit verschiedener Phasen des Zellteilungscyklus bei Tumorzellen. Dtsch. Röntgenkongreß 1966, Teil B, München-Berlin-Wien: Urban & Schwarzenberg 1967.

Medau, H.-J.: Einfluß der Einzeldosis und zeitlicher Verteilung auf den DNS-Gehalt an Tumorzellkernen. Dissertation Heidelberg, 1967.

Meyer, H.: Die biologischen Grundlagen der Röntgentherapie, I. Strahlentherapie **1**, 151 (1912).

Mitchell, M.: Zit. nach E. Scherer und H.-St. Stender: Strahlenpathologie der Zelle. Stuttgart: Thieme 1963.

Oehlert, W., Schulze, B.: Die Kerngröße als Ausdruck der synthetischen Aktivität des Kerns. Beitr. path. Anat. **123**, 101 (1960).

Parchwitz, H. K.: Strahlenwirkung auf Tumorzellen. In: Strahlenpathologie der Zelle. Hrsg. E. Scherer und H.-St. Stender. Stuttgart: Thieme 1963.

Pearse, E.: Histochemistry. London: 2nd Ed. Churchill 1960.

Pfahler, G. E.: The saturation method in roentgentherapy as applied to deep seated malignant disease. Brit. J. Radiol. **31**, 45 (1926).

— Über die Sättigungsmethode in der Röntgentherapie tiefliegender maligner Geschwülste. I. Int. Kongr. f. Radiologie in London. Strahlentherapie **25**, 597 (1927).

Pisani, G., Romanini, A.: Variazioni istochemische del connettivo di neoplasie mammarie sottoposte a Roentgenterapia. Nota II a: Il comportamento dell'acido desossiribonucleico. Riv. Istochim. norm. pat. (Milano): **1**, 423 (1955).

Pohlit, W.: Wirkung und Dosierung ionisierender Strahlung. Röntgenpraxis **17**, 285 (1964).

Rajewsky, B.: Strahlendosis und Strahlenwirkung. Stuttgart: Thieme 1956.

— Hobitz, H., Harder, D.: Biologische Grundlagen der Röntgentherapie. A. Strahlenwirkung. In: Handbuch der Haut- und Geschlechtskrankheiten. Ergänzungswerk, 5. Bd. 2. Teil. Strahlentherapie von Hautkrankheiten. Berlin-Göttingen-Heidelberg: Springer 1959.

Regaud, Cl., Lacassagne, H.: A propos des modifications déterminées par les rayons-X dans l'ovaire de la Lapine. J. de Physiothér. Nr. 130 (1913).

Reisner, E. H., jr., Keating, P.: Proc. Soc. exp. Biol. **96**, 112 (1957).

Sabouraud, S., Noirée, E.: Zit. nach H. R. Schinz: 60 Jahre medizinische Radiologie. Probleme und Empirie. Stuttgart: Thieme 1959.

Sandritter, W.: Einfluß der Vorbehandlung des Untersuchungsmaterials für die UV-Photometrie. Acta Histochem. **9**, 180 (1960).

— Exp. Cell Research 20, 264 (1960).

— Cytophotometrische Messungen im sichtbaren und UV-Licht. Histochem. **4**, 420—437 (1965).

— Schiemer, G.: Aufbau und Betrieb eines einfachen Mikrospektrophotometers (Cytophotometer) für sichtbares Licht. Z. wiss. Mikr. **63**, 453 (1956).

Scanlon, P. W.: Initial experience with split-dose periodic radiation therapy. Amer. J. Roentgenol. **84**, 632 (1960).

Scherer, E., Stender, H.-St.: Strahlenpathologie der Zelle. Stuttgart: Thieme 1963.

Schinz, H. R.: Gegenwärtige Methoden der Krebsbestrahlung und ihre Erfolge. Strahlentherapie **37**, 31—49 (1930).

— Zwei Jahre Forschung und Erfahrung mit dem 31-MeV Betatron am Kantonspital in Zürich. Fortschr. Röntgenstr. **80**, 1 (1954).

Schinz, H-R.: 60 Jahre medizinische Radiologie. Probleme und Empirie. Stuttgart: Thieme 1959.
— Zuppinger, A.: Bericht über die Züricher Erfahrungen mit protrahiert-fraktionierter Röntgenbestrahlung der Jahre 1929—1932 bei Tumoren der oberen Luft- und Speisewege. Strahlentherapie **50**, 237 (1934).
Schmermund, H. J., Heinrich, H. L.: Vergleichende Untersuchung über die Wirkung von Röntgenstrahlen und schnellen Elektronen eines 6 MeV-Betatrons auf Wachstums- und Kernteilungsvorgänge der Vicia faba equina. Strahlentherapie **86**, 227 (1952).
Schoen, D., Gerhardt, P.: Das Für und Wider der unterbrochenen Serienbestrahlung. Strahlentherapie Sdbd. 61 B, (1964).
Schubert, G.: Wirkungen schneller Elektronen eines 6-MeV-Betatrons auf das Ehrlich-Karcinom der Maus. Strahlentherapie **81**, 233 (1950).
Schumacher, W.: Die Änderung des Bestrahlungsrhythmus. Symposium on High-Energy Electrons. Montreux 1964. Berlin-Göttingen-Heidelberg: Springer 1965.
— Neue strahlenbiologische Erkenntnisse zur Verbesserung der Strahlentherapie. Dtsch. Röntgenkongreß 1966. Strahlentherapie Sdbd. **64**, Teil B, 122—129, (1967).
Schwarz, G.: Die fortgesetzte Kleindosis und deren biologische Begründung. Strahlentherapie **19**, 325 (1925).
Seidel, A., Sandritter, W.: Cytophotometrische Messungen des DNS-Gehaltes eines Lungenadenoms und einer malignen Lungenadenomatose. Z. Krebsforsch. 65, 555 (1962).
Seitz, L., Wintz, H.: Grundsätze der Röntgenbestrahlung des Gebärmutterkrebses. Die Karcinomdosis. Münch. med. Wschr. **4**, 89 (1918).
Stern, K. G., Brasch, A., Huber, W.,: Zit. nach W. Dittrich und G. Schubert: Strahlentherapie **92**, 549 (1953) und (J. Polymer. Sci. 1950).
Stacey, A., Alexander, P.: Zit. nach Z. M. Bacq und P. Alexander: Grundlagen der Strahlenbiologie. Stuttgart: Thieme 1958.
Strandqvist, M.: Studien über die kumulative Wirkung der Röntgenstrahlen bei Fraktionierung. Acta Radiol. Suppl. **55** (1944).
Tubiana, M.: Radiobiologische Grundlagen der Strahlentherapie. Dtsch. Röntgenkongreß 1966, Teil B, 228—233, Sdbd. zur Strahlungstherapie 64. München-Berlin-Wien: Urban & Schwarzenberg.
Wachsmann, F.: Unterschiede in der biologischen Wirkung normaler und ultraharter Strahlungen. Strahlentherapie **81**, 272 (1950).
— Therapie mit ultraharten Röntgenstrahlen und energiereichen Korpuskeln. Strahlentherapie **86**, 440 (1952).
Weitzel, G.: Frühreaktion bei Elektronentherapie. Sonderdruck aus Symposium on High-Energy Electron, Montreux 1964. Berlin-Göttingen-Heidelberg: Springer 189—198 (1965).
Werner, R.: Die Rolle der Strahlentherapie bei der Behandlung der malignen Tumoren. Strahlentherapie **1**, 100 (1912).
Wideröe, R.: Die Zweikomponenten-Theorie der Strahlung und ihre Bedeutung für die Strahlentherapie. Dtsch Röntgenkongreß 1966, Teil B, Sdbd. zur Strahlentherapie **64**, 94—104. München-Berlin-Wien: Urban & Schwarzenberg 1967.
Wieland, C.: Die fraktionierte Bestrahlung mit hohen Einzeldosen in der Telegammatherapie aus klinisch-radiologischer und experimenteller Sicht. Habilitationsschrift der Universität Heidelberg, 1968.
Wintz, H.: Untersuchungen über den Zeitfaktor. Strahlentherapie **42**, 591 (1931).
— Vergleich der Dosen bei der protrahiert-fraktionierten und bei der einzeitigen Röntgenbestrahlung. Strahlentherapie **48**, 535 (1933).
Zollinger, H. U.: Histologische Befunde nach experimenteller Röntgenbestrahlung der Nieren. Schweiz. Z. Path. **14**, 446 (1951 b).
Zum Winkel, K., v. Keiser, D., Müller, H., Gelinsky, P.: Szintigraphie und Angiographie der Nieren. Strahlentherapie **128**, 43 (1965).
Zuppinger, A.: Spätveränderungen nach protrahiert-fraktionierter Röntgenbestrahlung im Bereich der oberen Luft- und Speisewege. Strahlentherapie **70**, 361 (1941); **71**, 183 (1942).

B. Die Bindegewebsforschung in der Radiotherapie

Die Veränderung des Bindegewebsstoffwechsels durch Geschwulstwachstum, ionisierende Strahlen und antiphlogistische Pharmaka

I. Einleitung

Die folgenden Ausführungen befassen sich mit der Reaktion des Bindegewebes und des periblastomatösen Gewebes auf die Wachstumsreize des Geschwulstgewebes, die Wirkung der Strahlentherapie und die zur Dämpfung der ausgelösten Reaktionen angewandten Pharmaka.

Zum Verständnis dieser Ausführungen müssen einführende Bemerkungen über das komplexe Organ „Bindegewebe" gemacht werden. Dieses Unterfangen erscheint um so schwerer, als in den letzten Jahren nicht nur die Bedeutung des Bindegewebes für die Erhaltung zahlreicher Normalfunktionen des Organismus, sondern auch für das Zustandekommen ganz charakteristischer, sich an diesem Organ abspielender Erkrankungen erkannt wurde. Weiterhin scheinen vom Bindegewebe Reaktionen auszugehen oder reflektiert zu werden. Beleuchtet wird diese Situation durch die Untersuchungen Pischingers über das vegetative Grundsystem, wobei dem weichen, zellreichen Bindegewebe mit seinen vegetativen Nerven, Capillaren und dem extracellulärem Milieu durch seine Kommunikation mit dem gesamten Organismus eine zentrale Bedeutung zuerkannt wird. Nach Mahaux (zit. n. Graumann) ist das Bindegewebe zu 16 % am Gesamtkörpergewicht des Menschen beteiligt. Es scheint daher mehr als verständlich, daß sich in den letzten Dezennien eine ausgedehnte Forschung über den Chemismus, Metabolismus, die physiologischen Funktionen und die pathologischen Veränderungen dieses Organs entwickelte. Diese führte zur Aufdeckung und Abklärung von Erkrankungen des Bindegewebes, z. T. fälschlich als Kollagenosen bezeichnet, und daher zu einer kaum mehr übersehbaren Literatur auf diesem Sektor der experimentellen und klinischen Forschung. Als Beispiele seien hier nur die Rheumatologie, die Arterioskleroseforschung, die Erforschung der speziellen Erkrankungen des Stützgewebes, der Gelenke und der Haut genannt.

In diesem Beitrag soll ausschließlich über die Reaktion und Auseinandersetzung des Bindegewebes mit Geschwulstwachstum und ionisierender Strahlung berichtet werden.

II. Die Reaktion des Bindegewebes auf das Tumorwachstum

Eine ausgezeichnete Darstellung der morphologischen und physiologischen Stellung des Bindegewebes im menschlichen Organismus findet sich in dem Handbuch für Histochemie, Bd. II, Polysaccharide, von Graumann.

Hieraus seien nur einige Leitsätze entnommen, die für das Verständnis unseres Beitrages erforderlich scheinen: „Das Bindegewebe ist ein System multipotenter Zellen und Faserstrukturen sowie einer amorphen Grundsubstanz, wobei die mengenmäßigen Anteile je nach Lokalisation und Funktionszustand schwanken. Im weitesten Sinne umfaßt es das gesamte Skelet, Haut, Muskulatur, Blut und Lymphzellen, Teile des cardiovasculären Apparates, Milz, Lymphgefäßsystem, im engeren Sinne jedoch das eigentlich Stütz- und Gerüstgewebe. Die Aufgabe der Bindegewebszellen, der sog. Fibrocyten, ist es, Vorstufen des Kollagens zu synthetisieren. Neben diesen kollagenen Elementen, die das Grundgerüst des Bindegewebes ausmachen, finden sich noch elastische und reticuläre Fasern, die das Netzwerk aller Grundmembranen bilden. Hinzu kommen Zellen des Mesenchyms, wie die Histiocyten, Plasmazellen, Granulocyten und Gewebsmastzellen, sowie speziell lokalisierte Bindegewebszellen, wie Chondroblasten, Chondrocyten, Osteoblasten, Osteocyten oder Synovialzellen."

Die biologische Bedeutung des Bindegewebes ist:

1. Transport der Auf- und Abbaustoffe zwischen dem vasculären System und den einzelnen Zellen,
2. Stützfunktion,
3. Speicherung,
4. Reparation,
5. Abwehr.

Von besonderer Bedeutung ist das Verhalten der Gewebsmastzellen, die erstmals 1879 von Ehrlich beschrieben wurden. Über ihre Herkunft, d. h. ob sie von Histiocyten, Plasmazellen, Lymphocyten oder anderen mesenchymalen Zellen abstammen, wird diskutiert. Sie enthalten cytoplasmatische Granula, die sich mit basophilen Farbstoffen, z. B. Toluidinblau, metachromatisch anfärben. In ihnen werden von den Chondrocyten und Synovialzellen in der Hauptsache die sauren Mucopolysaccharide gebildet.

Von den Mucopolysacchariden, die ein spezifisches Produkt des Bindegewebszellstoffwechsels darstellen und intracellulär synthetisiert werden, sind vor allem die sauren Mucopolysaccharide (sMPS) am besten erforscht. Die Chemie dieser Verbindung ist heute ein recht gut fundiertes Kapitel, allerdings macht die Biologie noch Schwierigkeiten. Ihr Bildungsort sind vor allem die Mastzellen und Fibroblasten, auch Osteoblasten, Chondroblasten und Synovialzellen, während für die Produktion von Hyaluronsäure und Chondroitinschwefelsäure nicht die gleichen Zelltypen verantwortlich zu sein scheinen. Eine ausführliche Darstellung der Mucopolysaccharid-Chemie findet sich bei Meyer u. Gibian, siehe auch bei Brimacombe u. Webber.

Meyer unterscheidet 3 Gruppen von sMPS:

1) Polyuronide
   a) Hyaluronsäure,
   b) Chondroitin.
2) Sulfatierte Polyuronide
   a) Chondroitinsulfat A, B, C,
   b) Heparitinsulfat.
3) Polysulfate
   a) Keratosulfat.

Zu den derzeit bekannten mesenchymalen sMPS gehören außer der Hyaluronsäure die Hyaluronschwefelsäure, das Chondroitin, die Chondroitinschwefelsäure A, B und C, das Heparin und Keratosulfat. Die neutralen Mucopolysaccharide enthalten keine sauren Gruppen. Zu ihnen zählen Verbindungen, an deren Aufbau insbesondere N-Acetyl- D-Glucosamin und N-Acetyl-D-Galaktosamin beteiligt sind. Hierzu gehören beispielsweise das Chitin als Gerüstsubstanz der Insekten (Kuhn u. Gibian). Als Glucoproteide werden nach Meyer Substanzen bezeichnet, die Mucopolysaccharide in fester chemischer Verbindung an Proteine enthalten. Ihr Hexosamingehalt ist größer als 4 %. Weiter enthalten sie gewöhnlich eine Hexose, meist Galaktose oder Mannose. Von den Mucoproteiden unterscheiden sich die Glykoproteide dadurch, daß sie weniger als 4 % Hexosamin enthalten. Hinsichtlich der Strukturformen sowie des Vorkommens und Nachweises dieser Mucopolysaccharide wird auf die genannten Standardwerke verwiesen. Der Umsatz der Mucopolysaccharide ist relativ rasch und beträgt für Chondroitinsulfat 10, für Hyaluronsäure 4 Tage. Dem Aufbau steht ein fermentativ-hydrolytischer Abbau bzw. oxydoreduktive Spaltung gegenüber. Diese Spaltung in Mono- und Disaccharide bewirkt, daß auch im menschlichen Harn geringe Mengen intakter Mucopolysaccharide, aber auch niedrige Polymere vorkommen; Salstett konnte z. B. Chondroitinsulfat im Urin nachweisen. Als Bestandteile der Grundsubstanzen sind die sauren Mucopolysaccharide für die mechanischen Funktionen von großer Bedeutung. So geben Hyaluronsäure und Chondroitinsulfat der Grundsubstanz ein hohes Maß an Quellbarkeit, Elastizitat und Viscositat. Auch für den Wasser- und Elektrolythaushalt des Organismus spielen die sMPS eine Rolle. Weiterhin sei an die Bedeutung des Heparins bei der Blutgerinnung, der Zusammenhänge zwischen sMPS und Entzündungsvorgängen sowie Wundheilung und wachsendem Gewebe hingewiesen, wobei es zu einer Acceleration des sMPS-Stoffwechsels kommt (Hauss u. Steffen).

Die Tab. 1 zeigt neben dem Vorkommen der sMPS auch ihre Eigenschaften und Funktionen auf. Auf die physiologischen und pathologischen Veränderungen der sMPS im wachsenden und alternden Organismus haben u. a. Gibian, Boström, Kuhn und Löwi hingewiesen. In einer ganzen Reihe von Arbeiten wurden vor allem mit histochemischen Methoden Struktur, Funktionen und Störungen der sMPS des Bindegewebes untersucht. Bei zahlreichen entzündlichen, degenerativen oder genetisch bedingten Bindegewebserkrankungen sind Untersuchungen über die Ausscheidung von sMPS mit dem Urin vorgenommen worden. So liegen Arbeiten über rheumatische Erkrankungen von Di Ferrante, Thompson u. a., über Polyarthritis und Gefäßleiden von Delbrück, Diabetes mellitus von Delbrück, Lupus erythematodes von Di Ferrante, neoplastische Erkrankungen von Rich und das Marfan-Syndrom von Berenson vor. Eine besonders extreme Verschiebung des Verteilungsmusters, der Synthese der sMPS und Überschwemmung des Organismus mit Substanzen wie Chondroitinsulfat B und Heparitinsulfat findet sich bei der Hurlerschen Erkrankung.

Die Mastzellen spielen beim Wachstum von malignen Tumoren eine Rolle, wie wir im folgenden weiter betrachten werden. Die medizinische Forschung beschäftigt sich seit einiger Zeit mit der Wechselwirkung zwischen bösartigen Tumoren und angrenzendem parablastomatösen Bindegewebe. Nach Lindner kommt es an der sog. Invasionsfront zu katabolen oder anabolen Prozessen. Durch wachsende,

Tabelle 1. *Vorkommen und Eigenschaften der sMPS im Gewebe*

	Mucopolysaccharide	Gewebe	Eigenschaften der Gewebe
Nicht sulfatiert	Hyaluronsäure	Glaskörper	Durchsichtigkeit Plastizität, Viscosität
		Synovialflüssigkeit	Elastizität, Schmiermittel, Stoßdämpfer
		Haut	Wasserverbindung, Turgor
		Nabelschnur	Permeabilität
	Chondroitin	Cornea	Durchsichtigkeit
Sulfatiert	Chondroitinschwefel-säuren		Ionenaustausch Chem. Brücken Fibrillogenese Haltbarkeit
	A	Knorpel, Cornea	Formkonstanz
	B	Herzklappen	
		Sehnen, Aorta	Festigkeit
	C	Herzklappen Sehnen, Aorta Knorpel	
		Nabelschnur	Festigkeit
	Keratosulfat	Cornea	Festigkeit

destruierende Zellen entsteht eine Änderung des Zustandes der Grundsubstanz, die mit einer Desaggregation und Depolymerisation der Mucopolysaccharid-Protein-Verbindungen einhergeht. Die Folge davon ist eine Grundsubstanzentmischung, wobei von Schallock und Lindner alle Vorgänge zusammengefaßt werden, die zu einer Störung des makromoleculären, kolloidchemischen Gleichgewichtszustandes führen. Es kommt hierbei zu einer vermehrten Freisetzung von reaktionsträgen sMPS. In der Folge hiervon wird die Grundsubstanz durch muco- und proteolytische Fermente der Geschwulstzellen abgebaut, wobei dieser Prozeß von aktivierten und proliferierenden Mesenchymzellen weitergeführt wird. Hierdurch kommt es zu einer Vermehrung niedermolekularer Bausteine, wie der Aminozucker (Glucosamin, N-Acetylglucosamin, Aminosäuren und Mono- bzw. Disaccharide, wie Glucose, Galaktose, Glucuronsäure) im Serum. Auf diese Weise ist auch der erwähnte Anstieg der Serum-Hexosen und Hexosamine während des Tumorwachstums zu verstehen. Neben diesen destruktiven katabolen Vorgängen mit Zunahme der Aminozuckerkonzentration kommt es nach Schallock, Schmidt-Mathiesen und Lindner zu nachweisbaren Faserbildungsvorgängen, womit bewiesen ist, daß außer katabolen auch anabole Vorgänge stattfinden.

Es stellte sich somit die Frage, ob mesenchymale Zellen geschwulsthemmende Faktoren enthalten. Einerseits vertritt Sylven die Ansicht, daß Mastzellen eine proliferierende Wirkung auf Tumorzellen ausüben, während andere Autoren wie Cramer, Simpson und Fisher gegenteilige Feststellungen machen; sie sprechen geradezu von einem Wettbewerb der Mastzellen mit den Tumorzellen.

Es wurde daher von mehreren Autoren auch die Frage aufgeworfen, in welcher Weise Aminozucker als Abbauprodukte in der Invasionsfront zwischen Tumor und

Bindegewebe eine mögliche cytostatische Wirkung auf die vorwachsenden Geschwulstzellen ausüben. Nach Lindner führt diese Anhäufung von MPS-Fragmenten zu einer Hemmung der Glucosephosphorylierung. Anhand von Untersuchungen mit Yoshida-Ascites-Tumorzellen stellten Voss, Lindner und Becker eine Senkung der endogenen Atmung der Geschwulstzellen durch Glucose und unter dem Einfluß einer Glucosaminbehandlung eine Hemmung der Glykolyse, eine Steigerung der Cytolyse und eine Herabsetzung der Mitoserate fest. Diese Faktoren führten zu einer signifikanten Wachstumshemmung des Tumors. Diese Ergebnisse wurden auch in Arbeiten von Hano, Matsui u. Nishino sowie von Lindner, v. Schweinitz u. Becker sowie v. Schweinitz, Lindner u. Freytag bestätigt.

Wilfried Müller klärte in einer ausgedehnten Versuchsreihe die Frage, ob diese Anstiege der Aminozucker, insbesondere der Hexosen und Hexosamine, bei der Tumordiagnostik und Verlaufskontrolle, d. h. für die Beurteilung von Wachstum und Ausbreitung des Tumors von Wert sein könnten, bzw. ob die Serumaminozuckerwerte während der Therapie Hinweise auf den Krankheitsverlauf geben könnten. Er führte zu diesem Zweck eine Vergleichsstudie durch, wobei 250 männliche Albinoratten mit Walker-Carcinom 256 geimpft und die Hexosamin- und Hexosespiegel während des Tumorwachstums verfolgt wurden.

Nach Erreichung einer bestimmten Größe wurden die Tumoren durch operativen Eingriff entfernt und die Hexosen- und Hexosaminspiegel weiter verfolgt.

In einer weiteren Versuchsreihe, bei der als Trauma lediglich ein großer Hautschnitt gesetzt wurde, verglich man während der Abheilungsphase nach der Operation Hexosamin- und Hexosenspiegel, mit denen der Tumortiere vor und nach der Operation.

Durchführung der Versuche

a) Bestimmung der Serum-Hexosen

Die neutralen Hexosen können nach Schmid (1964) durch die „Atrone-, Orcin- oder Somogi-Nelson-Methode" bestimmt werden. Wir richteten uns nach der von Kuntz (1964) modifizierten Orcin-Reaktion:

Demnach beruht der colorimetrische Nachweis der proteingebundenen Hexosen darauf, daß sich durch Erhitzen von kohlenhydrathaltigen Lösungen mit konzentrierter Schwefelsäure Furfurole bilden, die mit Orcin eine charakteristische Farbreaktion geben. Mit dieser Methode werden Hexosamine, Fucose und Neuraminsäure nicht erfaßt.

0,1 ml hämolysefreies Serum wird mit 5 ml absolutem Äthylalkohol gefällt und bei 3000 U/min zentrifugiert. Der Überstand wird verworfen und der Niederschlag nochmal in 5 ml Äthylalkohol aufgewirbelt, zentrifugiert und dekantiert. Den Niederschlag löst man in 1 ml n/10 NaOH und gibt 8,5 ml frisch zubereitetes Orcinreaktionsgemisch hinzu (1 ml 2 % Orcin-Merck 7093 — in 20 Vol.-% H_2SO_4-Merck 731 — plus 7,5 ml 60 Vol.-% H_2So_4).

Der Ansatz wird 30 min im Wasserbad von 80° C inkubiert und nach Abkühlen bei 546 mμ in 1 cm-Küvetten gemessen. Ab Wasserbad muß er vor Lichteinwirkung geschützt werden.

Die Ablesung erfolgt gegen einen gleichbehandelten, jedoch serumfreien Ansatz aus 1ml n/10/NaOH plus 8,5 ml Orcin-Reaktionsgemisch. Da Eiweißlösungen beim Erhitzen mit konzentrierter Schwefelsäure verschiedene Farbtöne ergeben können, sollte ein zweiter orcinfreier Serumwert (SW) mitlaufen, dessen Extinktion in Abzug gebracht wird. Die Eichkurve wurde mit einer 25 mg-%igen Lösung von D-Galaktose (Merck 4061) und D-Mannose (Merck 5984) zu gleichen Teilen aufgeteilt.

b) Berechnung

proteingebundene Hexosen in Milligramm-Prozent
(Extinktion — Extinktion SW) — Faktor

$$\text{Faktor} = \frac{\text{mg eingesetzter Substanz} \cdot 1000}{\text{Extinktion Eichkurve}}$$

Die Extinktion wurde an einem Eppendorf-Photometer gemessen.

c) Bestimmung der Serum-Hexosamine

Als Methode wählten wir den von Kuntz (1964) abgewandelten „Elson-Morgan-Test" zur Bestimmung proteingebundener Hexosamine aus. Diese colorimetrische Methode beruht auf dem Prinzip, daß Hexosamine im alkalischen Milieu mit Acetyl-Aceton in Pyrrolderivate übergehen, die mit Ehrlich's Reagens ein rotes Kondensationsprodukt bilden. Die mit dieser Reaktion erfaßten Eiweißzucker reagieren nicht mit Orcin. Die Extinktionskurven von Glukosamin und Galaktosamin sind identisch. 0,3 ml hämolysefreies Serum, das aus arteriellem Tropfblut gewonnen wurde, werden mit 5 ml absolutem Äthylalkohol gefällt und bei 3000 U/min zentrifugiert. Nach Dekantierung des Überstandes wird der Niederschlag nochmals in 5 ml absolutem Äthylalkohol aufgewirbelt, zentrifugiert und der Überstand verworfen. Dem Niederschlag werden 2 ml 3 m HCl zugefügt. In den fest verschlossenen Schliffröhrchen wird der Ansatz 4 Std im siedenden Wasserbad hydrolysiert. Das Hydrolysat neutralisiert man mit 3 n NaOH gegen Phenolphthalein und füllt mit Aqua dest. auf 5 ml auf. Die entstandenen Huminstoffe werden abzentrifugiert oder abgefiltert. In neue, graduierte Schliffröhrchen gibt man jeweils 0,5 ml des Überstandes, sowie 0,5 ml frisch bereitete Acetyl-Aceton-Lösung (0,1 ml Acetyl-Aceton (Merck 9600) in 5 ml n/2 Na_2PO_3). Die verschlossenen Röhrchen werden 15 min in ein siedendes Wasserbad gebracht.

Nach Abkühlen fügt man 2,5 ml absoluten Äthylalkohol und 0,5 ml Ehrlich's Reagens (0,8 g 4-Dimethylamino-benzaldehyd-Merck 3058 in 30 ml absoluten Äthylalkohol) auf 5 ml auf. Nach 30 min wird die Extinktion bei 546 mμ und einer Schichtdicke von 1 cm gegen einen gleichbehandelten, jedoch hydrolysatfreien 0,5 ml Aqua dest. enthaltenden Ansatz gemessen.

Die Eichkurve wurde mit einer 12 mg-%igen D-Glucosamin-Hydrochlorid-Lösung aufgestellt.

d) Berechnung

Hexosamine in Milligramm-Prozent = Extinktion · Faktor

$$\text{Faktor} = \frac{\text{mg eingesetzter Substanz} \cdot 10\,000}{\text{Extinktion Eichkurve}}$$

Gemessen wurde die Extinktion an einem Eppendorf-Photometer.

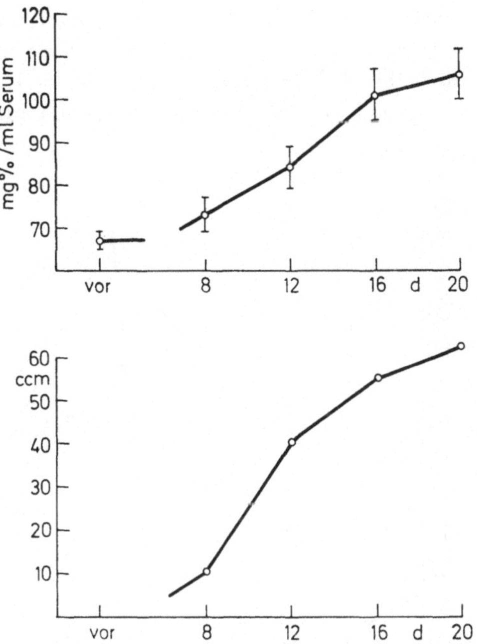

Abb. 21. Verhalten der Serum-Hexosamine im Vergleich zum Geschwulstwachstum im Verlauf von 20 Tagen nach der Tumorverimpfung

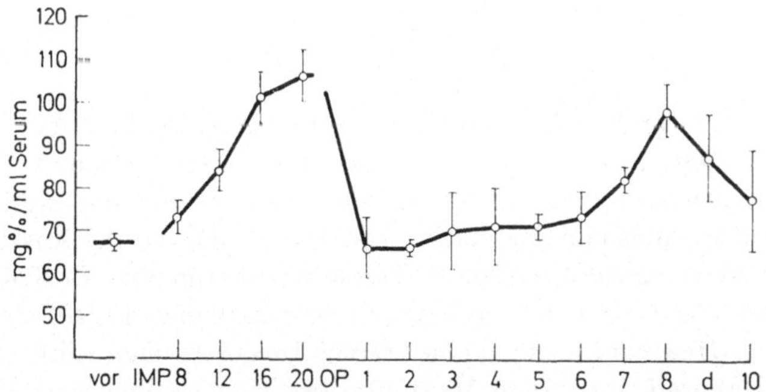

Abb. 22. Bewegung der Serum-Hexosamine nach der Tumorverimpfung und anschließend operativer Entfernung

Abb. 21 zeigt das Verhalten der Serum-Hexosamine in Beziehung zum Geschwulstwachstum: die Kurven bzw. die Serumspiegel zeigen einen deutlichen Anstieg der Aminozucker zwischen dem 8. und 12. Tag des Tumorwachstums.

Die Abb. 22 zeigt das Verhalten der Aminozucker nach operativer Entfernung der Tumoren. Auf der Höhe des Gipfels kommt es zu einem sofortigen Abfall, jedoch 8 Tage nach der Operation zu einem erneuten Anstieg der Aminozucker.

Auf der Abb. 23 werden Vergleiche zwischen Operationstrauma und Entfernung implantierter Tumoren gezogen. Es zeigt sich hierbei, daß die Hexosamine nach dem Tumorwachstum stark erhöhte Serumspiegel zeigen, die nach operativer Entfernung des Tumors rasch abfallen. Bei operativem Trauma kommt es zu einem Anstieg am 6. bis 7. Tag nach der Operation. In etwa gleicher Weise findet sich dieser Anstieg auch bei den Tumortieren nach operativer Entfernung der Implantationstumoren.

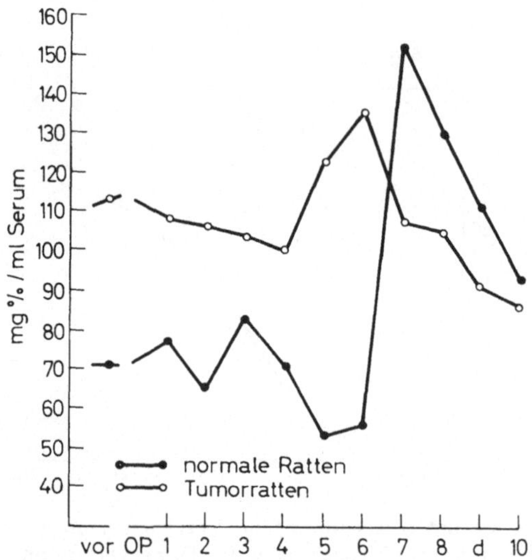

Abb. 23. Gegenüberstellung des Einflusses von Tumorwachstum und Operationstrauma auf die Serum-Hexosen

Man kann auf Grund dieser Untersuchung folgendes Schlußfolgerungen ziehen: Die rasche Normalisierungstendenz der Serum-Hexosamin- und Hexosenspiegel nach Exstirpation von Implantationstumoren zeigt die Abhängigkeit des Hexosaminstoffwechsels von der Tumorproliferation. Der starke Anstieg der Hexosen nach operativer Entfernung am 6. Tag läßt auf eine enge Beziehung der proteingebundenen Hexosen zum traumatisch entzündlichen Prozeß schließen. Der Gipfelpunkt der Hexosamine nach einer reinen traumatischen Einwirkung auf das Integument liegt weit unter dem Maximum des Hexosamine beim Tumorwachstum. Der starke Anstieg der Serumhexosen nach einem operativen Trauma vorher unbehandelten Gewebes wird ohne weiteres verständlich, wenn man annimmt, daß die Gewebsmastzellen ihre Granula in vollem Umfang in die Zwischensubstanz ausschütten. Man kann somit resümieren, daß die proteingebundenen Hexosen ein enges Verhältnis zum posttraumatischen Entzündungsprozeß eingehen, während der Anstieg der Hexosamine neben der Veränderung der Hexosen augenscheinlich eher für das Verhalten der Serum-Glykoproteine beim Tumorwachstum charakteristisch ist.

Diese wichtigen Untersuchungsergebnisse waren mit ein Ausgangspunkt für unsere Untersuchungen über das Verhalten der Aminozucker bei Tumorpatienten mit verschiedenen malignen Erkrankungen. Letzten Endes war die Absicht naheliegend zu klären, welche Wechselwirkung Tumor und Bindegewebe, Strahlenwirkung auf den Tumor und bindegewebige Umgebung, als auch Strahlenwirkung am Bindegewebe und diese Reaktion dämpfende Pharmaka ausüben. Diese Erkenntnisse sind für eine erfolgreiche Strahlentherapie maligner Tumoren von weittragender Bedeutung.

Ausgedehnte Untersuchungen über Veränderungen der proteingebundenen Polysaccharide im Serum Krebskranker vor und nach Strahlenbehandlung wurden von Piller durchgeführt, wobei er feststellen konnte, daß die Vermehrung der proteingebundenen Polysaccharide um so markanter war, je stärker der neoplastische Prozeß eine Dysproteinämie verursachte. Die untersuchten Tumoren zeigten keinen Unterschied, ebenso ließ sich auch zwischen konventioneller Röntgentherapie und Kobalt 60 kein signifikanter Unterschied nachweisen. Bei günstiger Wirkung der Strahlentherapie auf den Tumor kommt es zur teilweisen Normalisierung der Serumeiweiß- und Kohlenhydratewerte. Aus unserem Arbeitskreis hat daher Busse den Gehalt der Aminozucker im Serum bei verschiedenen malignen Erkrankungen untersucht. Er hat hierbei die Tumorstadien nach dem TNM-System klassifiziert und die Serumspiegel der Hexosen, Hexosamine und Fucosen hierzu in Beziehung gesetzt.

Bei gynäkologischen Tumoren, beim Schilddrüsencarcinom, beim Hodentumoren, dem Mammacarcinom, Magencarcinom und Melanomen kommt es zu einem Anstieg der Hexosen, nur in geringem Maße der Hexosamine; völlig unverändert bleiben die Fucosen, selbst bei Fernmetastasierung und größerer Tumorausdehnung. Einen deutlichen Einfluß auf die Aminozuckerwerte hat die operative Entfernung des Primärtumors, wie man an den praktisch normalisierten Werten von Hexosen und Hexosaminen nachweisen kann (Abb. 24). Diese Befunde bestätigen die experimentellen Ergebnisse von W. Müller und zeigen die Bedeutung der Serumaminozuckerbestimmung für die Verlaufskontrolle bei Behandlung von malignen Geschwülsten. Sie stimmen außerdem mit den Untersuchungen von Piller überein, der feststellen konnte,

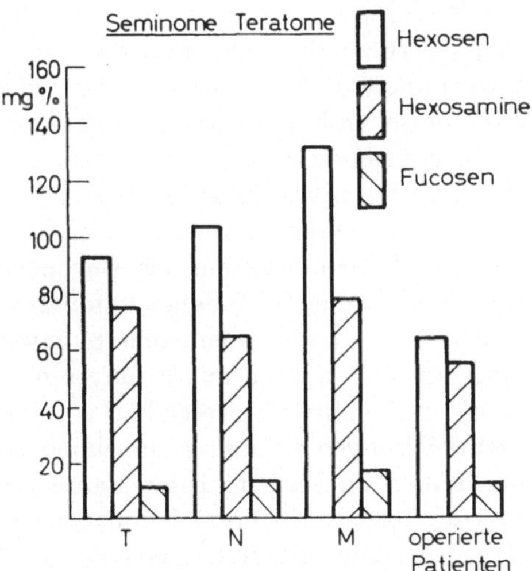

Abb. 24. Veränderung der Serumaminozucker-Spiegel bei Patienten mit Seminom-Teratom bei verschiedenen Tumorstadien (UICC) sowie nach der Operation

daß hinsichtlich der Anstiege der Aminozucker keine Spezifität für bestimmte Tumorarten besteht; selbstverständlich sind diese Anstiege unspezifisch, da sie lediglich die Auseinandersetzung des Tumorgewebes mit dem umgebenden Bindegewebe aufzeigen. Ähnliche Reaktionen können auch von Tuberkulose und anderen schwelenden Entzündungsprozessen, Operationstraumen und akuten Entzündungen ausgelöst werden. Es bleibt jedoch der Wert der Verlaufskontrolle; mit ihr kann man den Erfolg einer operativen oder radiologischen Therapie kontrollieren und dokumentieren.

Stauch u. Schröter haben sich mit dem Verhalten der Serumhexosen und -hexosamine sowie der Serummucoide bei malignen Tumoren und Bindegewebskrankheiten befaßt. Zunächst wurden an gesunden Versuchspersonen die Mittelwerte für die nach der von uns angegebenen Methode bestimmten Hexosen, Hexosamine und Serummucoide bestimmt. Für die Hexosen wurde ein Mittelwert von 80 mg-%, für Hexosamine von 85 mg-%, für Seromucoide von 70 mg-% gefunden. Diese Werte stimmen mit den von Mac Beth und Bekesi an einem großen Krankengut gefundenen überein. Schröter u. Stauch konnten an den Serumspiegeln von 46 Tumorpatienten zeigen, daß bei Lungentumoren die Hexosen durchschnittlich 181 mg-% (226 % der Norm), der Hexosamine 115 mg-% (136 % der Norm) und der Seromucoide 150 mg-% (211 % der Norm) betrugen. Nur ein Patient hatte einen unter der Norm liegenden Wert. Bei anderen Neoplasmen, worunter sich Mammacarcinome, Seminome, Morbus Hodgkin, Osteosarkome, Chondrosarkome, Retothelsarkom, Plasmocytom, großfollikuläres Lymphoblastom, Struma maligna und Melanom befanden, hatten alle z. T. erheblich erhöhte Werte. Nur bei einem Melanom und dem Morbus Boeck waren die Werte im Normalbereich. Bei Osteo- und Chondrosarkom wurden zum Teil erhebliche Abweichungen gefunden. Bei Struma maligna waren die Hexosen stark erhöht, während bei Morbus Hodgkin ein hoher Durchschnittswert der Serummucoide in 6 Fällen auffiel. Offensichtlich bestehen Zusammenhänge zwischen der Malignität bzw. der invasiven Aktivität und der Tumormasse mit den gefundenen Aminozuckerwerten. Obwohl man also der Bestimmung der Aminozucker bei Tumorpatienten einen deutlichen diagnostischen Wert zuerkennen muß, darf nicht vergessen werden, daß auch bei anderen Krankheiten, wie erwähnt, eine Veränderung der Glucoproteine in gleichem Maße bestehen kann. Besonders interessant erschien uns aus Vergleichsgründen die Untersuchung von Krankheiten des Bindegewebes, die auch unter dem Begriff der Kollagenkrankheiten bekannt sind. Zu Anstiegen der Serumhexosen und -hexosamine kommt es auch bei genetisch bedingten Erkrankungen des Stützgewebes mit Überproduktion der Mucopolysaccharide, so z. B. beim Pfaundler-Hurlerschen Syndrom. Bei 2 Fällen konnten wir eine deutliche Erhöhung der Hexosen, Hexosamine und Seromucoide nachweisen. Bei einem Fall von Marfan-Syndrom und einem Patienten mit Dupuytrenscher Kontraktur fanden sich jedoch normale Werte. In einem weiteren Fall von metaphysärer Dysostosis Morquio waren die Abweichungen zu gering, um ihnen einen Zusammenhang mit der Krankheit zuschreiben zu können. Interessanterweise konnten wir bei 6 Patienten mit Sklerodermie bzw. Skleromyxödem deutliche Abweichungen von der Norm nachweisen. Hierbei zeigte sich ein besonders hoher Anstieg der Hexosen (138 % der Norm), während die Hexosamine und Seromucoide (mit 128 bzw. 133 % der Norm) geringer erhöht waren. Der höchste Wert fand sich bei einem

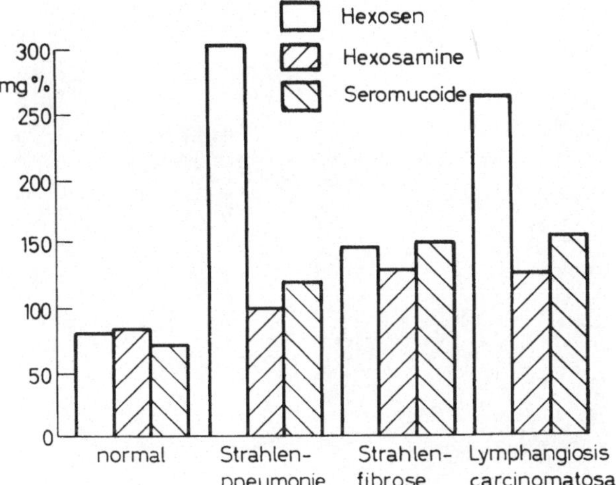

Abb. 25. Verhalten der Serum-Hexosen, Hexosamine und Seromucoide bei Strahlenpneumonie, Fibrose und Lymphangiosis carcinomatosa pulmonis

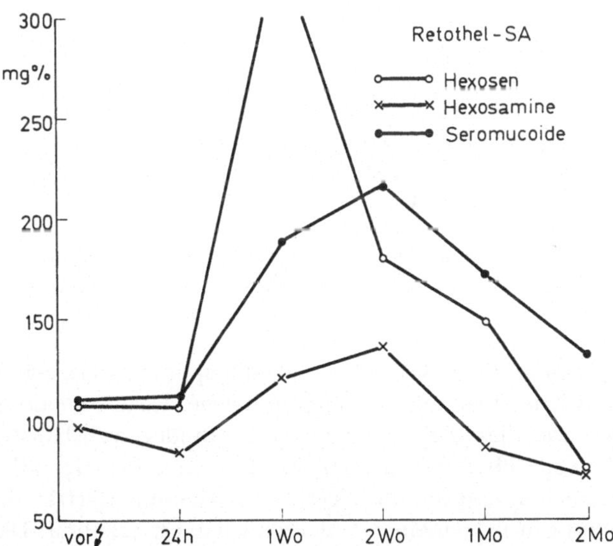

Abb. 26. Bewegung der Serum-Aminozucker während der Strahlentherapie eines Retothel-Sa. Der Tumor sprach auf die Co 60-Teletherapie sehr gut an

Patienten mit progressiv verlaufender Sklerodermie (304 mg-%), der niedrigste Wert (198 mg-%) bei einem Skleromyxödem, der jedoch gegenüber der Norm immer noch beträchtlich erhöht war. Unsere vergleichsweisen Untersuchungen bei Bindegewebserkrankungen werfen die Frage auf, ob diese Resultate zum Beispiel von Bedeutung sind für die Beurteilung der Aktivität und Progredienz solcher genetisch bedingter oder bisher ungeklärter Bindegewebserkrankungen, wie dies bei der Sklerodermie der Fall ist. Die starken Anstiege der Serumhexosen sind,

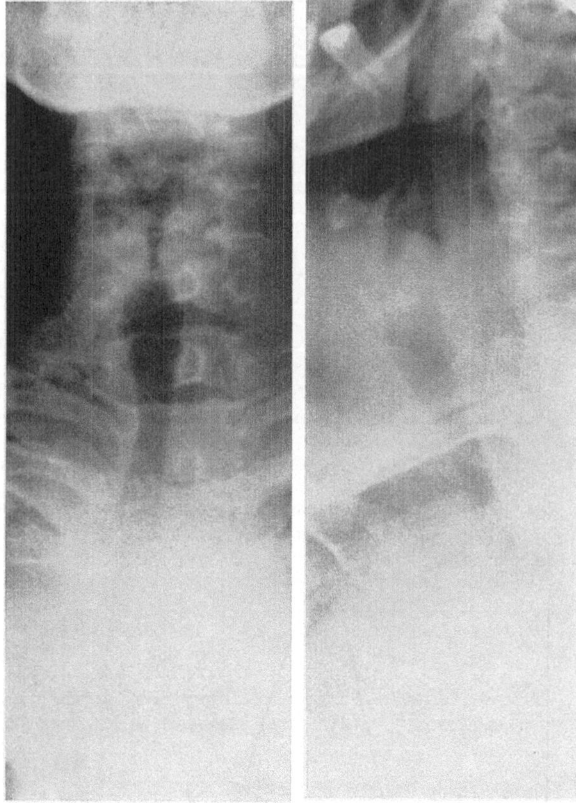

Abb. 27. Einengung der Trachea vor der Bestrahlung

wie sich später noch an dem Beispiel der Strahlenpneumonitis zeigen läßt, in der Hauptsache Ausdruck einer starken entzündlichen Reaktion am Bindegewebe. Daher muß man zwar diese Untersuchungen der Bindegewebsbausteine im Serum als weitgehend unspezifisch bezeichnen, bei Kenntnis der Grundkrankheit oder von Begleitkrankheiten und der durchgeführten Therapie dürften diese biochemischen Untersuchungen jedoch einen bedeutenden Wert erhalten. Der Wert dieser Untersuchungen in der Strahlentherapie dürfte auf differentialdiagnostischem Gebiet und auf der Verlaufsbeobachtung liegen. Kommt es zu einer raschen Ausbreitung des Tumors und zu einer intensiven Auseinandersetzung mit dem umgebenden Bindegewebe, so dürften hohe Werte der genannten Aminozucker im Serum vor der Therapie bestehen. Wird diese Tumormasse durch die Therapie zum Schwinden gebracht und kommt es zu einer regressiven positiven Allgemeinentwicklung, können die Werte zur Norm abfallen. Auf der anderen Seite werden diese Werte wieder durch reaktive, exsudative Strahlenreaktionen bzw. sich ausbildende Bindegewebsproliferationen beeinflußt. Auf Grund dieser Erkenntnisse versuchte Stauch zu klären, ob mit der Bestimmung der Serumspiegel der Aminozucker eine Differenzierung zwischen Lymphangiosis carcinomatosa pulmonis und

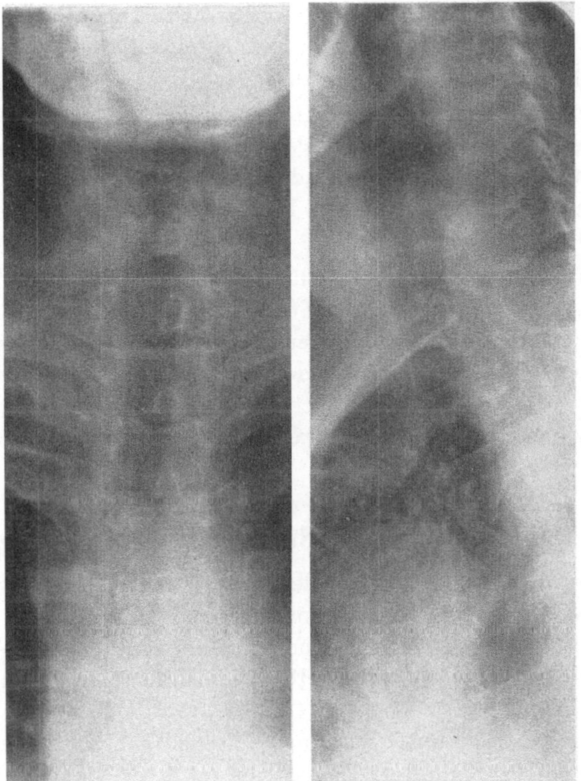

Abb. 28. Weitgehende Normalisierung des Kalibers nach der Strahlentherapie

Strahlenfibrose der Lunge möglich sei. Man konnte feststellen, daß bei Patientinnen mit Lymphangiosis carcinomatosa pulmonis oder diffuser Knochenmetastasierung im Endstadium durch die starke Auseinandersetzung von Tumorzellen und Bindegewebe die Hexosen, Hexosamine und Seromucoide gleich stark ansteigen. Bei der Strahlenpneumonitis hingegen sind die Serumhexosen wesentlich stärker erhöht als das Hexosamin und die Seromucoide. Bei der reinen, sich später ausbildenden Fibrose liegen die Werte der genannten Aminozucker wesentlich tiefer als bei der Strahlenpneumonie bzw. der Lymphangiosis carcinomatosa oder einer anderen diffusen Metastasierung.

Wie die Abb. 25 zeigt, läßt sich bei Kenntnis der klinischen Situation somit unter Umständen eine Trennung zwischen Lymphangiosis carcinomatosa und Strahlenfibrose der Lunge ermöglichen. Bei entzündlichen Veränderungen hingegen sind vor allem die Hexosen extrem erhöht.

Als klinisches Beispiel für den Wert der Verlaufskontrolle der Aminozucker bei Strahlentherapie maligner Tumoren sei der Fall eines Retothelsarkoms des Mediastinums mit konzentrischer Einengung der Trachea hier dargestellt (s. Abb. 26: vor der Bestrahlung deutliche Einengung der Trachea in beiden Ebenen). Es wurde dann eine fraktionierte Bestrahlung mit Telecaesiumtherapie auf mediastinale und Halsfelder durchgeführt. Insgesamt wurden 5000 R am Herd gegeben. Ein Monat nach der Bestrahlung hatte die Trachea wieder normales Kaliber (Abb. 27 u. 28).

Die gute radiologische Rückbildung der Geschwulst demonstriert sich auch am Verhalten der Aminozucker. Die anfänglich mäßig erhöhten Hexosen und Hexosamine stiegen unter der Bestrahlung als Ausdruck der guten Strahlensensibilität und heftigen Reaktion am umgebenden Bindegewebe stark an. Am Ende der Bestrahlung, nach Normalisierung des klinischen Befundes, waren die Aminozucker wieder zur Norm abgefallen.

Zusammenfassend kann man feststellen, daß es bei der Verlaufskontrolle von Tumorpatienten vor und während der Strahlentherapie mit der Bestimmung der Serumhexosen, des Hexosamins und der Seromucoide gelingt, wertvolle zusätzliche Informationen über die Auseinandersetzung von Tumor und umgebendem Bindegewebe zu erhalten. Außerdem scheint es möglich zu sein, zwischen entzündlichen Vorgängen und Tumorprogredienz im Bereiche der Lunge zu unterscheiden.

III. Wirkung ionisierender Strahlen auf das Bindegewebe

Die Reaktion des Gewebes auf ionisierende Strahlen ist abhängig von der Bestrahlungsart, der Dosis und der O_2-Spannung des Gewebes; sie ist unterschiedlich hinsichtlich Alter und Geschlecht. Dennoch lassen sich typische Wirkungen aufzeigen. Es bestehen also mehr graduelle Reaktionsunterschiede. Durch die von der Strahlung ausgelösten Ionisationen im Gewebe werden biochemische Folgereaktionen in Gang gesetzt, die unter den unspezifischen Erscheinungen einer Hyperämie, Gefäßwandödem, Zelluntergang bei sich rasch teilendem Gewebe (Mausergewebe) und folgender cellulärer Infiltration ablaufen. Daneben finden Störungen des Zellstoffwechsels durch Permeabilitätsänderungen der Zellmembran und Elektrolytverschiebungen statt. Glaubitt konnte durch ausgedehnte Untersuchungen an Rattenorganen nach Ganzkörperbestrahlung zeigen, daß der sMPS-Gehalt stark schwankt. Im Rippenknorpel steigt er zunächst an, um später abzufallen. Bei anderen Organen war der umgekehrte Gang der Reaktion zu beobachten. Der Wirkungsmechanismus ist noch unklar.

Kopfermann konnte mit Hilfe der Hochspannungselektrophorese die sMPS von Rattenhaut, Lunge und Trachealknorpel 1, 2, 3 und 4 Wochen nach einer Ganzkörperbestrahlung trennen und kam zu ähnlichen Ergebnissen wie Glaubitt.

Nach Kuntz kommt es in einem durch Tuberkulose, Carcinom, Silikose, Verbrennung oder Röntgenstrahlung geschädigten Gewebe auf Grund der Gefäßverarmung zu einer lokalen Hypoxie, die ihrerseits zu einer fermentativen Depolymerisierung der sMPS führt. Hält diese Hypoxie an oder führt sie sogar zu Anoxie, kommt es zu Gewebszerfall und dadurch zum Freiwerden saurer und neutraler Mucopolysaccharide. Die entstehende Gewebsacidose führt dann zur Anreicherung der sMPS und ihrer Bruchstücke in der Grundsubstanz. Neben diesen depolymerisierenden und decarboxylierenden Wirkungen der ionisierenden Strahlung kommt es auch zur Inaktivierung von Co-Fermentsystemen und Enzymen des Endoxydationsstoffwechsels im Citratcyclus (Kärcher).

Mastzellen lassen schon nach geringen Dosen ionisierender Strahlen histochemische Veränderungen erkennen, wobei es zu einer Degranulierung bei gleichzeitiger Verminderung lymphocytärer und reticulärer Zellelemente kommt. Kärcher fand nach Ganzkörperbestrahlung von Ratten mit 800 R eine Degranulierung der Mastzellen sowie eine Verminderung der Gesamtzahl bei gleichzeitiger Zunahme der sMPS im Bindegewebe. Es besteht also die Annahme zu Recht, daß eine intensive Wirkung der ionisierenden Strahlen auf die Mastzellen stattfindet, deren Inhaltsstoffe in das umgebende Bindegewebe einströmen. Die Mucopolysaccharide gelangen aus dem Entzündungsherd über die Lymphbahn ins Blut, wo sie dann chemisch nachgewiesen werden können. Zusammenhänge zwischen Mucopolysaccharidbildung im entzündlichen Gewebe und Anstieg des Eiweißzuckerspiegels im Blut sind heute anerkannt (Asboe-Hansen). Kärcher, Lindner und andere Autoren vertreten die Auffassung, daß es im strahlengeschädigten Gewebe zu einer Depolymerisation der Bindegewebsgrundsubstanz kommt und von hier aus eine Ausschwemmung ins Blut erfolgt.

Durch unspezifische Proteasen kommt es weiterhin zur Denaturierung des Kollageneiweißes und zum Abbau des Kollagens. Diese Veränderungen lassen sich durch Nachweis von Prolin und Hydroxyprolin bestätigen. Poeplau und Weigold haben sowohl im Serum als auch im Lungengewebe das Verhalten der Hexosen und Hexosamine nach Einwirkung ionisierender Strahlen und gleichzeitiger Behandlung mit entzündungsdämpfenden Pharmaka verfolgt. In Ergänzung hierzu wurden von Stauch und Schröter die Hexosen und Hexosamine im Serum von Tumorpatienten während der Strahlentherapie und der klinischen Behandlung verfolgt mit der gleichen Absicht, die Einflüsse der Strahlenwirkung auf das Tumorwachstum und die Reaktion des normalen Bindegewebes hiermit zu erfassen.

Bei Tierversuchen wurden 4 Vergleichsreihen aufgestellt:

1. Bestrahlung mit 1000 R (200 kV, 20 mA, 1 mm Cu-Filterung) auf eine Lungenseite, keine medikamentöse Behandlung.

2. Die Gruppe 2 erhielt 0,5 ml 4 % Phenylbutazon 5 min vor der Bestrahlung intramuskulär.

3. Die dritte Versuchsreihe wurde mit 1 ml einer 2 %igen Prednisolon-Lösung behandelt, was 2 mg reinem Prednison pro die entspricht.

4. Bei der vierten Versuchsreihe wurden 2 ml O-(β-Hydroxyaethyl)-rutoside (HR) = 200 mg pro die i. m. injiziert.

Von jeder Versuchsreihe wurden je 5 Tiere nach 24 Std, 3 Tagen, 6 Tagen, 12 Tagen, 1 Monat, 2 Monaten, 4 Monaten getötet und die Lungen histochemisch und biochemisch aufgearbeitet.

Experimenteller Teil

a) Versuchstiere

Es handelt sich um etwa 400 männliche Albinoratten, die aus einem Stamm gezüchtet waren. Das Durchschnittsalter betrug 4 Monate, das Durchschnittsgewicht 200—220 g.

b) Narkose, Medikation und Bestrahlung

Zur Bestrahlung wurde jede Ratte mit 0,2—0,4 ml Trapanal® i. p. narkotisiert. Jedem Tier aus der medikamentösen Versuchsreihe wurden 5 min vor Bestrahlung je 0,5 ml 4 %iges Phenylbutazon in physiologischer Kochsalzlösung, das entspricht 2 mg reinem

Phenylbutazon/die, je 1,0 ml einer 2 %igen Prednisolon-Lösung in Aqua bidest., das entspricht 2 mg reinem Prednison/die oder je 2,0 ml der 10%igen HR-Lösung (200 mg)/die, wie geliefert, i. m. injiziert. Wiederholung der täglichen Injektionen über einen Zeitraum von 14 Tagen. Bestrahlt wurde mit einem Rundtubus von 4 cm Durchmesser, Abstand 30 cm, 200 kV, 20 mA. 0,5 mm Cu-Filter (HVT). Bestrahlungsdauer 4,5 min, was einer Einzeldosis von 1000 R auf die Lunge entspricht.

c) Histologische und biochemische Aufarbeitung

Histologie: Nach intraperitonealer Narkose mit 0,2—0,4 ml Trapanal® wurde der Bauchraum eröffnet, die Aorta punktiert und die Tiere ausgeblutet. Anschließend Thoraxeröffnung und Entnahme der Lunge. Zur histochemischen Darstellung der sMPS wurde die PAS-Alcianblau-Reaktion nach Runge, Ebner u. Lindenschmidt angewandt.

Fixierung eines Teiles der Lunge über 48 Std in 4 %iger neutraler Formollösung, dann 24 Std Wässerung. Daraufhin wurde in aufsteigender Alkoholreihe entwässert und dreimal 1 Std in Methylbenzoat gelegt, anschließend 1/2 Std in Benzol, 2 mal 6 Std in Paraffin von 58° getränkt, in Blöcke gegossen und kühl gelagert. Mit dem Mikrotom wurden Schnitte von 3 μ Dicke geschnitten, Objektträger mit Eiweiß-Glycerinlösung bestrichen und mit Ruyterscher Lösung (Methylbenzoat, Aceton, Aqua dest.) überschichtet. Die Schnitte wurden aufgelegt und zur Streckung für 1/2 Std bei 45° C gelagert. Überschüssige Flüssigkeit abgesaugt, Präparate im Paraffinschrank getrocknet. Entparaffiniert 2 mal 5 min in Xylol, absteigende Alkoholreihe und Aqua dest.

Danach 30 min Färbung mit Alcianblau.

Darstellung der Farbstofflösung:

50 ml 1 %ige wäßrige Alcianblaulösung (Alcianblau 8 GS p. A. Serva Nr. 12 020) mit 80 ml 1 %iger wäßriger Essigsäure mischen und filtrieren, 15 mg Thymolkristalle (Merck 8167) zusetzen.

Spülen unter Leitungswasser, für 10 min 0,8 %ige Perjodsäure, Spülung unter Leitungswasser. Die Polysaccharide oxydieren dadurch zu Polyaldehyden. Anschließend Reaktion mit Schiffschem Reagens zur Farbstoffkomplexbildung mit den Aldehydgruppen.

Darstellung des Schiffschen Reagens:

A. Pararosanilin (Merck 7601) 0,5 g
1 n HCl (Merck 9970) 15,0 ml
ohne Erwärmen und Umschütteln lösen.

B. Kaliumpyrosulfit (Merck 5058) 0,5 g
Aqua dest. 85,0 ml.

A und B mischen, nach 24 Std zur Entfärbung mit 0,3 g Aktivkohle 1—2 min schütteln und filtrieren.

Mit Schiff-Reagens etwa 2 Std behandeln, anschließend Spülung in Sulfitwasser 3mal 3 min.

Darstellung des Sulfitwassers:

Natriummetabisulfit	(Merck 6528)	0,5 g
Konz. HCl	(Merck 316)	1,0 ml
Aqua dest.		ad 100,0 ml

Gründlich abspülen, danach Alkoholreihe, Xylol und Eindecken mit Eukitt.

PAS-Alcianblau färbt:

Glykogen : purpurrot
Neutrale MPS: homogen blaßrot
sMPS : blau-violett
Zellkerne : grünlich

Ein weiteres Präparat wurde mit H. E. gefärbt.

Biochemische Aufarbeitung: 0,5 g frische Rattenlunge wird mit 2,5 ml Aqua dest. bei Eiskühlung homogenisiert, dann mit 15 000 U/min 2—3 min zentrifugiert. Homogenat mit 2,5 ml 8 N HCl versetzt und bei 95° C 15 Std lang hydrolysiert. Hydrolysat wird gefiltert und gegen Phenolphthalein mit 3 N Natronlauge neutralisiert. Danach versetzt man 1 ml Substanz mit 1 ml frisch zubereitetem Acetylacetongemisch (0,1 ml Acetyl-Aceton (Merck 9600) in 5 ml N/2 Na_2CO_3) und bringt die Lösung 20—30 min in 92° C temperiertes Wasserbad. Nach Abkühlung 10 ml absoluten Alkohol und 1 ml Ehrlichs-Reagens zufügen. Nach 30 min wird Extinktion gegen einen gleichbehandelten Leerwert (statt Hydrolysat 1 ml Aqua dest.) gemessen. Die Extinktion wurde photometrisch bestimmt.

Bei Beurteilung der Veränderungen des Lungengewebes nach Bestrahlung kam es uns mehr auf die qualitativen Verschiebungen des Lungenhexosamingehaltes als auf eine quantitative Analyse an. Deshalb sollen die folgenden Veränderungen jeweils nur in Relation zu dem von uns bestimmten Normalwert gesetzt werden.

Als Normalwert der Hexosamine — als Ausdruck der Gesamt-MPS im Lungengewebe — fand sich eine Extinktion von 0,186 Einheiten am Eppendorf-Photometer (Filter Hg 546/1 cm Küvette). Gleichzeitig wurde eine graphische Darstellung der Extinktion an einem Ultraviolett-Spektral-Photometer (Leitz-Unicam SP. 800) der Firma Leitz ausgeführt.

IV. Die Wirkung von die Strahlenreaktion dämpfenden Antiphlogistica

Verwendete Antiphlogistica

a) Prednisolon

Prednisolon ist chemisch ein Dehydrocortison. Die Corticosteroide vermögen Entzündungen, Exsudation, Proliferation sowie toxische Gewebsauswirkungen zu unterdrücken, wenn sie in unphysiologisch hoher Dosis gegeben werden. Ihr Angriffspunkt liegt peripher im Gewebe. Der entzündungshemmende Effekt kommt dabei durch einen Eingriff in alle Phasen der entzündlichen Gewebsreaktion zustande (Kaiser).

In der Exsudationsphase werden Leukocytenaustritt und Phagocytose gehemmt. Dadurch können sich bakterielle Erreger und Toxine ausbreiten. Corticosteroide sollen daher bei Infektionen nur mit gezielter antibakterieller Therapie angewandt werden. Weiterhin behindern Corticoide die Antikörperbildung und damit die Immunisierungsvorgänge. Corticoide beeinflussen die einzelnen Entzündungsphasen wie folgt:

a) Die Störphase ist charakterisiert durch Proteolyse, Depolymerisation der MPS und Beseitigung der Gewebsbarrieren. Cortison hebt dabei die Depolymerisation auf, stellt die Gewebsbarriere wieder her, hemmt die Proteolyse und dichtet die Gefäße ab.

b) In der Überwindungsphase kommt es zur Hyperämie. Blutstase mit Gefäßlähmung, Exsudation, Leukocytendiapedese und Phagocytose sind die Folge. Cortison hemmt nun die Exsudation durch Gefäßtonisierung und setzt die Gefäßpermeabilität herab.

c) Die Anpassungsphase geht mit Resistenzvermehrung und Antikörperbildung in den Plasmazellen einher. Cortison wirkt jetzt ungünstig durch Behinderung der Antikörperbildung.

d) Die Heilphase schließlich sieht Umwandlung von Fibroblasten und Fibrocyten, Gefäßneubildung und Entwicklung von Granulationsgewebe. Cortison kann hier überschießende Narbenbildung und Adhäsionen vermeiden.

b) Phenylbutazon

Phenylbutazon leitet sich von Pyrazolon- und Pyrazolidinderivaten ab. Zuerst wurde es bei rheumatischen Erkrankungen benutzt. Wilhelmi u. Domenjez konnten mit Phenylbutazon in größeren Dosen eine gewisse kurative Wirkung gegen UV-Erythem bei Meerschweinchen nachweisen, bei kleineren Dosen bereits einen protektiven Effekt. Die Befunde wurden durch Bazin u. Mitarb., Winde, Kadatz u. v. a. bestätigt. Auch beim Menschen ist das UV-Erythem durch therapeutische Dosen deutlich gehemmt.

Mathies zeigte, daß Phenylbutazon eine Hemmung der Hyaluronidase bewirkt, die über Katecholaminausschüttung aus dem NNM zustande kommt. Selitto und Randall u. v. a. fanden die Bildung von Granulationsgewebe durch Phenylbutazon stark eingeschränkt. Entzündungshemmende Wirkung soll es haben durch Herabsetzung der Capillarfragilität und durch Capillarabdichtung. Auch cytostatische Effekte auf Fibroblastenkulturen und evtl. Hemmwirkung auf mesenchymales Gewebe sind beschrieben worden, dagegen ist ein Einfluß auf das Wachstum normalen Gewebes nicht zu erkennen (Rechenberg).

Erwähnt sei ferner noch die antipyretische und geringe analgetische Komponente des Präparates.

c) O-(β-Hydroxyaethyl)-rutosid-(HR)

Seit Szent-Györgyi u. Mitarb. bei Untersuchungen über das Vitamin C das Citrin isolierten und dieses Substanzgemisch, welches aus Flavononglykosiden besteht, als Vitamin P bezeichneten, kam eine außerordentliche umfangreiche Forschung mit einer heute unübersehbaren Zahl von Publikationen zur Chemie, Physiologie und Pharmakodynamik dieser Körper in Gang. Außer einer permeabilitätsmindernden Wirkung wurden zahlreiche andere biochemische Effekte dieser Körper beschrieben. Bisher sind jedoch die Wirkungen der Flavonoide nicht bis ins letzte geklärt und noch mit spekulativen Betrachtungen verbunden. Wichtig erscheinen vor allem die Untersuchungen, die eine hyaluronidasehemmende Wirkung, einen Oxydationsschutz des Vitamin C sowie eine Hemmung von Enzymen, die Orthochinone bilden können, nachweisen. Kühnau hat bereits darauf hingewiesen, daß Flavonoide möglicherweise als prosthetische Gruppe eines Apofermentes wirken können. Durch die Arbeiten von Küchmeister ist auf jeden Fall eindeutig nachgewiesen, daß die Capillarbrüchigkeit bzw. die Durchlässigkeit der Capillarwand für geformte Blutelemente verringert wird. Die Capillarpermeabilität, die durch Substanzen, wie die Hyaluronidase, Heparin und Histamin gesteigert wird, kann durch Vitamin C, Adrenalin und Vitamin E und unter anderem auch durch die Flavonoide normalisiert werden. Zahlreiche Arbeiten beschäftigen sich mit der Flavonoidwirkung auf die experimentelle Purpura, experimentelle Erfrierungen, experimentelles Ödem, die Strahlenreaktion und andere Zustände, die mit vermehrter Capillardurchlässigkeit einhergehen. In einer Übersicht über die Physiologie, Pharmakodynamik und die therapeutische Anwendung der Flavonoide hat K. Böhm die gesamte, bisher bekannte Literatur und die hieraus zu ziehenden Konsequenzen in einer kleinen Monographie zusammengestellt, worauf an dieser Stelle verwiesen werden soll.

Seit einiger Zeit wurde aus der großen Zahl therapeutisch verwendbarer Flavonoide ein leicht wasserlösliches, gut resorbierbares Derivat, das O-(β-Hydroxyaethyl)rutosid, als besonders wirksam erkannt. Es ist praktisch atoxisch und kann in großen Dosen verabreicht werden. In den bisher erschienenen Publikationen werden u. a. die Steigerung der Capillarresistenz und die antiphlogistische Wirkung herausgestellt. Gut waren die therapeutischen Erfolge bisher z. B. bei der Purpura, bei Schwangerschaftsvaricosis und beim varicösen Symptomenkomplex. Die Minderung gesteigerter Capillarpermeabilität kann nicht nur durch experimentelle Ergebnisse (Landis-Test), sondern auch durch elektronenmikroskopische Untersuchungen (Hammersen und Möhring) beim Gefäßwandödem als erwiesen angesehen werden.

Einige Arbeiten, die besonders für die Strahlenbiologie und die klinische Strahlentherapie von Interesse sind, sollen hier etwas ausführlicher referiert werden. Kärcher sowie Sigmund, Schikora, Armbruster und Aboulkhair konnten in histologisch-histochemischen Untersuchungen nachweisen, daß HR vor und während strahlentherapeutischer Maßnahmen eine deutliche indirekte Schutzfunktion auf die Leber ausübt, wobei vor allem die Verminderung des Glykogengehaltes und die kleintropfige Verfettung der Leber verhindert werden. Maue untersuchte den Einfluß von HR auf die exkretorische Funktion nach Bestrahlung der Leber mit dem Bromthaleintest. In dieser Versuchsanordnung konnte keine eindeutige Wirkung auf die Leberexkretion durch HR nachgewiesen werden. Am Epithel des Dünndarmes war eine verminderte Schädigung der Dünndarmepithelien bzw. eine raschere Regenerierung unter HR nach Ganzkörperbestrahlung von Ratten demonstrabel. Von besonderer Bedeutung erscheinen uns hier die neuesten elektronenmikroskopischen Untersuchungen von H. Braun am Duodenum weißer Mäuse nach Ganzkörperbestrahlung mit 800 R. Die Endothelzellen der Capillaren der Darmmucosa zeigen bereits wenige Stunden nach der Bestrahlung Bildung zahlreicher cytoplasmatischer Fortsätze und intercelluläre Lücken, die Basalmembran hebt sich von den Endothelzellen ab. Unter der Einwirkung von HR sind diese Veränderungen an den Capillarendothelien in starkem Maße vermindert, die Basalmembran liegt dem Endothel an. Von Bedeutung ist auch die Feststellung, daß HR keinen Einfluß auf den strahleninduzierten Mitoseausfall in den Krypten hat, jedoch eine verbesserte Regeneration beobachtet werden kann. Diese Untersuchungen am Elektronenmikroskop von Braun stimmen vollkommen mit den lichtoptischen und histochemischen Untersuchungen überein.

In zahlreichen Arbeiten untersuchten Jolles u. Harrison die vasculäre Permeabilität und Fragilität nach Strahleneinwirkung bzw. ihre Beeinflussung durch sog. Vitamin P-artige Substanzen (verschiedene Bioflavonoide). Sie stellen hierbei fest, daß unter Einfluß von Rutosiden der Mucopolysaccharidgehalt der Basalmembran erhöht ist und daß die Membran verdickt und vielschichtig erscheint. Sie nehmen an, daß durch Potenzierung des Hemmeffektes von Vitamin C auf die Hyaluronidase eine direkte oder indirekte Hemmung dieses Enzyms bewirkt und somit die Hyaluronsäure, die für die Integretät der Capillarwände verantwortlich sein dürfte, stabil erhalten wird.

Außerdem müssen andere Stoffwechseleffekte der Hydroxyaethyl-Rutoside angenommen werden, so z. B. konnte Fritz-Niggli zeigen, daß die oxydative

Phosphorylierung durch Bilirubinämie gehemmt wird und daß dieser Hemmeffekt durch Hydroxyaethyl-Rutoside aufgehoben wird. Dieser Effekt kann die gute Regeneration, die man unter HR-Medikation an strahlengeschädigten Organen beobachtet, erklären. Neben der Wirkung auf den Mucopolysaccharidstoffwechsel und damit auf die Membranpermeabilität, die Zwischenzellsubstanz sowie die Gefäßpermeabilität und -fragilität hat HR offensichtlich auch einen deutlichen Einfluß auf die periphere Durchblutung. Klemm hat in zahlreichen Arbeiten, ebenso wie Brandstäter, mit ^{133}Xe-Clearance-Untersuchung die periphere Muskeldurchblutung gemessen und dabei zeigen können, daß HR bei Patientinnen mit gynäkologischen Tumoren nach Operation und Bestrahlung die Durchblutung nachweisbar verbessert. Experimentelle und klinische Untersuchungen differieren in gewisser Weise hinsichtlich der Resultate. So fanden Zukerman, ebenso Van Caneghem, Dunjic, Stein und Pesesse keinen Einfluß von HR auf entzündliche Prozesse oder die Epilation, sondern lediglich auf die Permeabilität, wenn es in sehr hohen Dosen für lange Zeit verabreicht wird.

Im Gegensatz hierzu stehen die günstigen Berichte von Guix Melcior, Kärcher u. Schenk sowie Harms, Kärcher u. Kleinert; die vorgenannten Autoren stellten fest, daß besonders schleimhauttragende Organe des Hals-, Nasen-, Ohrenbereiches, aber auch des Gastrointestinal- und Urogenitalbereiches, mit hohen Dosen bestrahlt werden können, ohne daß die Strahlentherapie wegen lästiger oder schwerer Nebenerscheinungen unterbrochen werden müßte.

Eigene klinische Untersuchungen bestätigten die Wirksamkeit von HR auf die Strahlenreaktion an der Schleimhaut, weshalb wir zu ausgedehnten experimentellen Untersuchungen angeregt wurden, um die bisher noch im letzten ungeklärten Wirkungsmechanismen weiter zu erforschen. Nach den Untersuchungen von Kärcher u. Schäfer kommt es nach Ganzkörperbestrahlung bei gleichzeitiger Verabreichung von Venoruton® zu einer rascheren Erholung der Tiere, welche sich in einer geringeren Störung der Leberfunktion, höherem Glykogengehalt und geringeren Enzymschwankungen, wie vor allem bei der SGPT nachweisbar war, zeigten. Kärcher sprach die Vermutung aus, daß HR auf Grund seiner chemischen Struktur möglicherweise eine Schutzfunktion gegenüber der Depolymerisationswirkung der ionisierenden Strahlung auf das Bindegewebe ausüben könnte. Diese Annahme leitete sich aus den bisherigen Ergebnissen der Forschung her, die einen hyaluronidasehemmenden bzw. antioxydativen Effekt aufzeigen konnte. Wir haben daher Hyaluronsäure-K-Salz allein bzw. mit HR gemeinsam mit Kobalt 60-γ-Strahlung in vitro bestrahlt. Nach 75 000 R zeigte sich bei der elektrophoretischen Präparation, daß die Gel-Struktur des Hyaluronsäure-K-Salzes nach der Bestrahlung verloren geht. Die schlierige Wanderungsart des viscösen Hyaluronsäuresalzes hat sich durch die Einwirkung der Radikale nach der Bestrahlung in ein Band verwandelt, die denen nicht viscöser sMPS entspricht. Es kommt hierbei zu einem Viscositätsverlust durch Aufbrechung der Molekularstruktur der Hyaluronsäure. Bei Zugabe von HR zur Hyaluronsäurelösung läßt sich ein kompletter Schutz gegen die Strahlenwirkung nachweisen. Das Flavonoid HR übt also offensichtlich die Funktion als Radikalfänger aus und schützt somit die Hyaluronsäure gegenüber der depolymerisierenden Strahlenwirkung. Beim gleichen Versuch mit Prednison ist ein Schutzeffekt nicht nachweisbar (Abb. 29). Bei Verwendung von Phenyl-

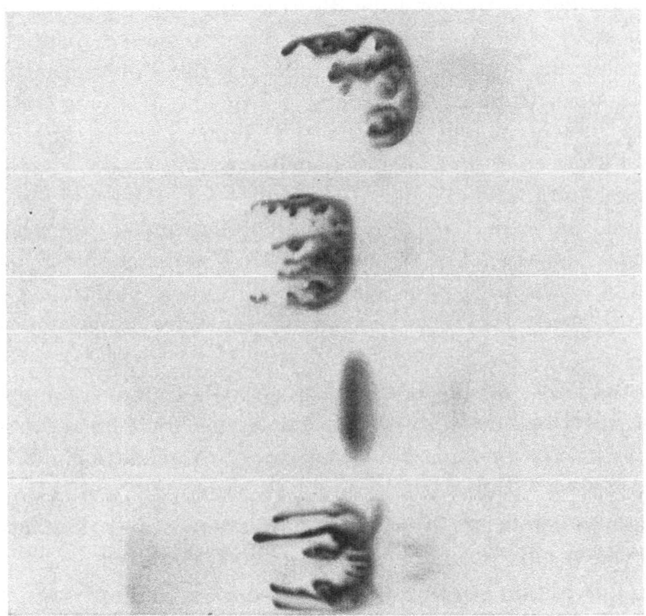

Abb. 29. Veränderung der elektrophoretischen Wanderungsform von Hyaluronsäure nach Bestrahlung in vitro bei Zusatz von O-(β-Hydroxyaethyl) rutosid (HR) und Prednisolon

butazon geht die elektrophoretische Wanderungsfähigkeit von Hyaluronsäure verloren. Durch diese in vitro-Versuche wird auf jeden Fall der unterschiedliche Wirkungsmechanismus dieser Stoffe deutlich. Unsere Vermutung wurde bestätigt, daß HR direkt eine Schutzfunktion an den sMPS während der Einwirkung der Strahlung ausübt.

Fritz-Niggli konnte bei der Bestrahlung isolierter Lebermitochondrien einen deutlichen Schutzeffekt von HR nachweisen. Die stabilisierende Wirkung gegen störende Einflüsse auf den Energiestoffwechsel der Zelle kann auf einer Herabsetzung der Membranpermeabilität oder einem Eingreifen des Flavonoides in die Atmungsfermentkette beruhen.

V. Wirkung ionisierender Strahlen auf das Lungengewebe unter Berücksichtigung der Veränderung der sMPS

Da sich im Lungengewebe besonders reichlich MPS finden, kommt es bei pulmonalen Erkrankungen zu einer MPS-Erhöhung im Serum. Untersuchungen von E. Kuntz liessen besonders bei der Tuberkulose direkte Beziehungen zur Aktivität des tuberculösen Prozesses, der Entzündung bzw. der Gewebsschädigung nachweisen. Nach Muir ist der Hexosamingehalt im Granulationsgewebe um 80 % erhöht. Dabei kann man den MPS-Gehalt dem Hexosamingehalt gleichsetzen. Es war daher bei unseren Untersuchungen von dem Gedankengang ausgegangen worden, daß durch Bestrahlung gesunden Lungengewebes im Tierexperiment Vergleiche zur Veränderung der Mucopolysaccharidgehalte bzw. der

Aminozucker im Serum während der Bestrahlung von Patienten mit Bronchialtumoren angestellt werden könnten. Das Lungengewebe diente als besonders günstiges Modell zum Studium der Veränderung der Polysaccharide bei Einwirkung ionisierender Strahlen. Gleichzeitig wurde die Wirkung antiphlogistischer Pharmaka an diesem Modell studiert. Wir haben uns bei unseren Tierexperimenten in der Dosierung und im Untersuchungsgang an die klassische Beschreibung von Engelstad und die in der Monographie von Eger und Gregl „Die Strahlenpneumonitis" dargestellten Unterlagen gehalten und die Ergebnisse bei unseren histomorphologischen und biochemischen Untersuchungen an Ratten und Kaninchenlungen durch gleichartige Beobachtungen bestätigt gefunden. Man kann die Strahlenreaktion des Lungengewebes nach Engelstad in 4 Stadien einteilen:

a) **Initialstadium** mit degenerativen Prozessen an Lymphfollikeln und Veränderung des Bronchialepithels mit reichlichen Schleimabsonderungen. Daneben kommt es zu Hyperämie mit vermehrter Transsudation und Leukocyteninfiltration. Nach etwa 3 Tagen tritt

b) **das Latenzstadium** in Erscheinung. Während 2–3 Wochen bilden sich die Veränderungen mit Ausnahme der Degeneration zurück.

c) **Die Hauptreaktion** erreicht ihren Höhepunkt im Laufe des 2.–3. Monats. Der Bronchialbaum ist degenerativ verändert, ebenso das Lungenstroma und das Alveolarepithel. Dazu kommen entzündliche perichondrale, perivasculäre und bronchopneumonische Infiltrate. Nach Überschreiten des Entzündungshöhepunktes bilden sich die Leukocyteninfiltrate zurück. An ihre Stelle treten Alveolarmakrophagen, denen die Säuberung der zugrundegegangenen Zellelemente obliegt. Es folgt dann der Übergang in das

d) **Stadium der Regeneration.** Ins Auge fallen hier starke Bindegewebsneubildungen und sklerosierende Veränderungen. Das Granulationsgewebe vernarbt, zurück bleiben Schrumpfungen des Lungengewebes. Es besteht hier das Bild der sogenannten Lungenfibrose.

1. Histologisch-histochemische Befunde

Bei den vorliegenden Untersuchungen war es nun das Ziel, durch eine bestimmte Dosis mit grosser Regelmässigkeit bei den Tieren eine Lungenfibrose zu erzeugen und sowohl histologisch-histochemisch als auch biochemisch den Ablauf der Mucopolysaccharidstoffwechselveränderungen zu verfolgen.

Die Kurven 30—33 und die histologischen Abb. 34—37 zeigen die Veränderungen im Serum, am Lungenalveolarbild, den Gefäßen und Bronchien im Ablauf der Pneumonitis mit und ohne Applikation antiphlogistisch wirksamer Pharmaka und die während der ganzen Beobachtungsphase von 24 Std bis 5 Monate nach der Strahlenapplikation bestimmten Gewebshexosaminwerte.

Bei der histochemischen Untersuchung des Mucopolysaccharidgehaltes der Rattenlungen verwendeten wir die seit langem bewährte PAS-Alcinblau-Färbung, wie sie von Runge, Ebner und Lindenschmidt in der Gynäkologie oder von Becker, Ebner und Kärcher in der klinischen Strahlenbiologie bekanntgemacht und zu diesen Zwecken wiederholt verwendet wurde.

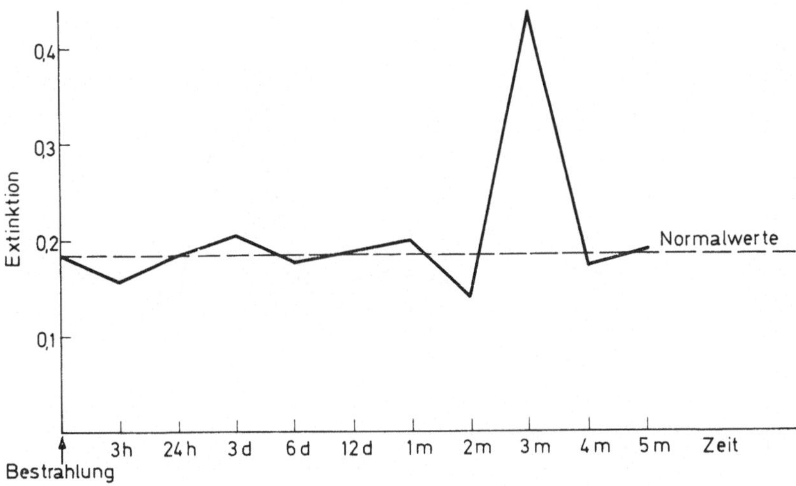

Abb. 30. Bewegung der Gewebs-Hexosamine im Lungengewebe der Ratte nach 1000 R Einzeitbestrahlung

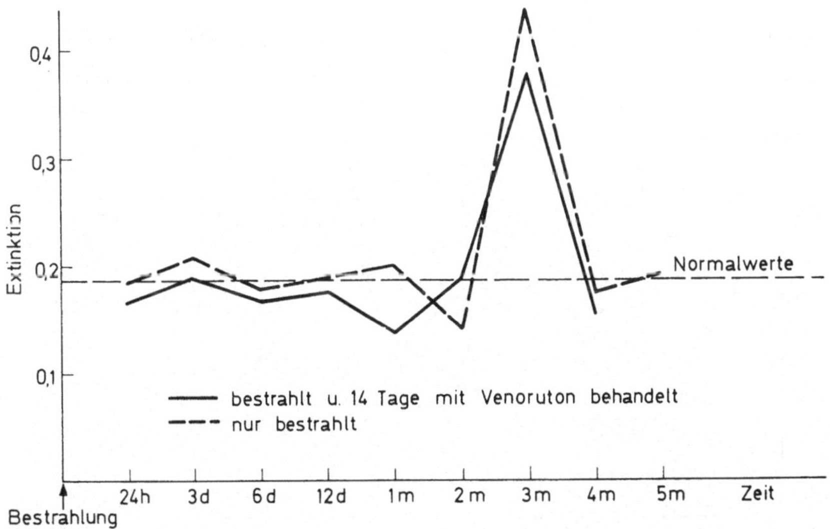

Abb. 31. Vergleich unbehandelter Kontrollen mit Tieren unter HR-Behandlung

Bevor wir auf die histochemischen Ergebnisse der Veränderungen der sMPS an der Rattenlunge nach Einfluß ionisierender Strahlen und gleichzeitiger Behandlung mit verschiedenen reaktionsdämpfenden Pharmaka eingehen, möchten wir anhand einiger Farbabbildungen nochmals das Prinzip und die Bedeutung dieser morphologisch-funktionellen, qualitativen Untersuchungsmethode kurz darstellen. Ausführliche Erwähnung findet diese Methode in dem Buch „Einführung in die klinisch-experimentelle Radiologie“ von K. H. Kärcher u. Mitarb.

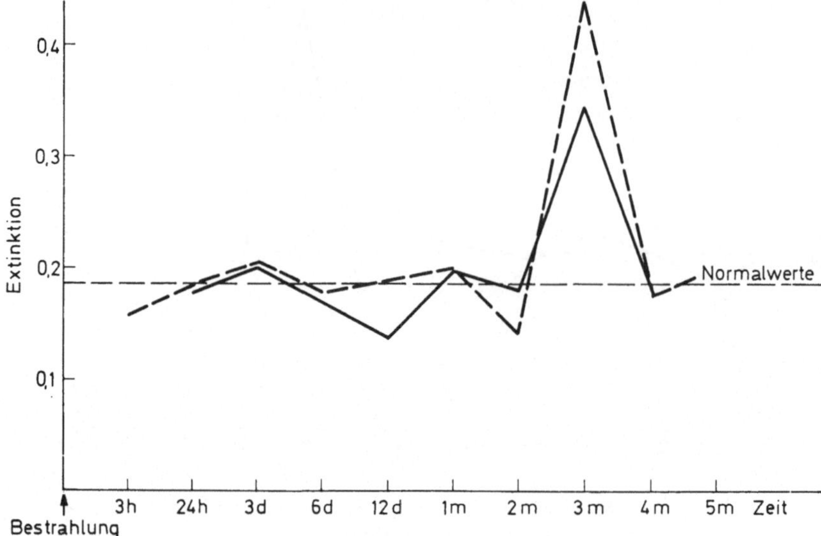

Abb. 32. Gleiche Beobachtung bei Phenylbutazontherapie
—— bestrahlt u. 14 Tage mit Phenylbutazon, behandelt --- nur bestrahlt

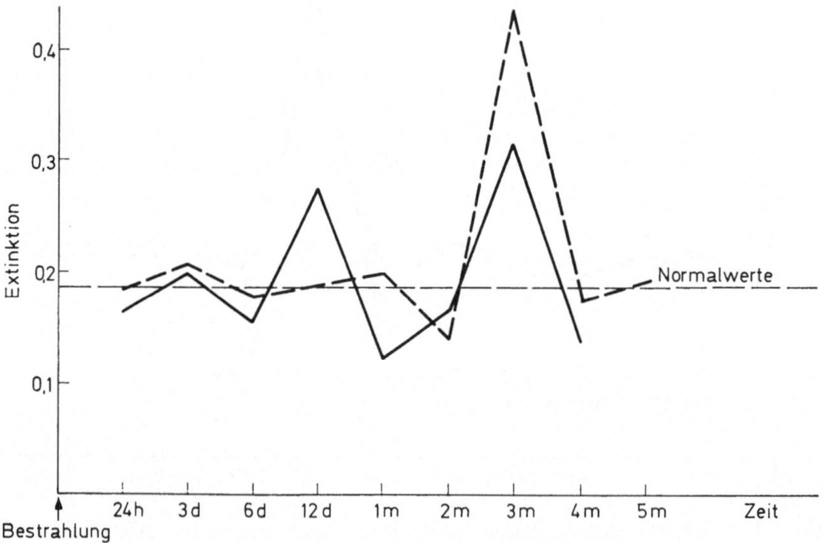

Abb. 33. Gleiche Beobachtung bei Prednisolonbehandlung
—— bestrahlt u. 14 Tage mit Prednisolon behandelt, --- nur bestrahlt

Diese Abbildungen zeigen deutlich, daß man bereits mit einer histochemischen Untersuchungsmethode weitgehende funktionelle Aussagen über den Zustand und das Verhältnis der sauren und neutralen Mucopolysaccharide im Bindegewebe, am Tumor, dem periblastomatösen Gewebe und dem Tumorstroma machen kann. Auch die Einflüsse der Strahlung auf Tumor und Bindegewebe bzw. Tumorbett lassen sich zu verschiedenen Zeitpunkten ausschnittsweise dokumentieren (Abb. 38—42).

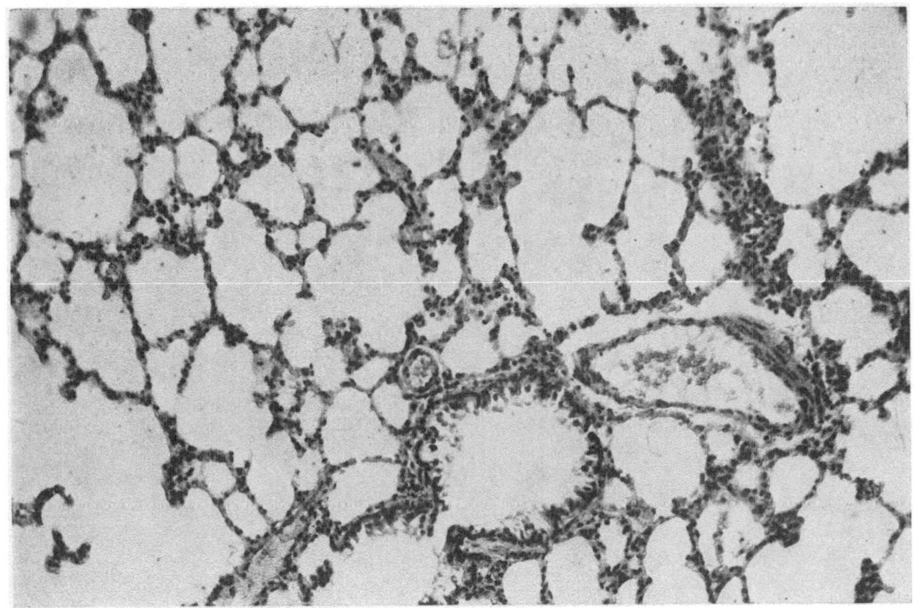

Abb. 34. Lungengewebe 3 Stunden nach 1000 R Einzeitbestrahlung zeigt leichtes interstitielles Ödem

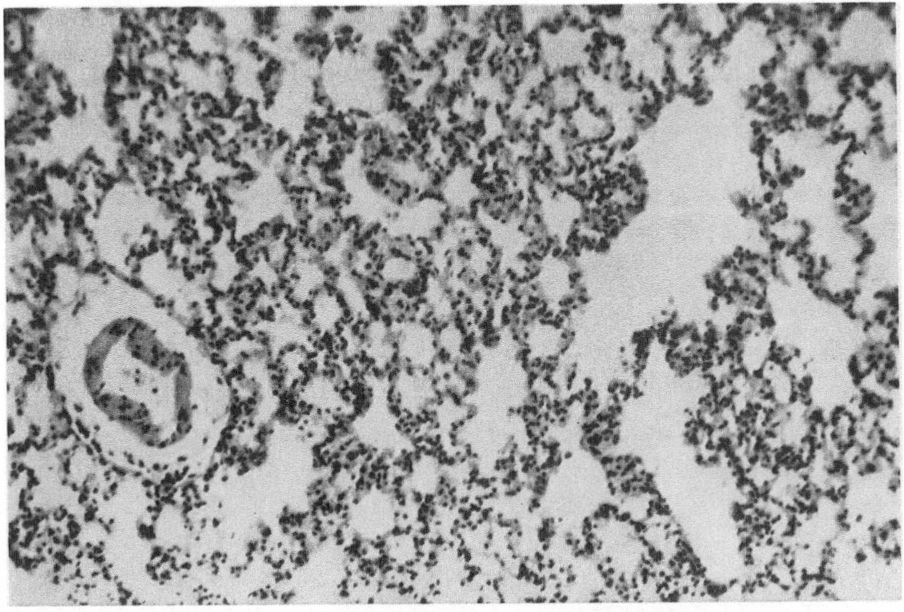

Abb. 35. Lungengewebe 12 Tage post rad. unter HR-Therapie. Mäßiges Alveolarwandödem, geringgradige Veränderungen

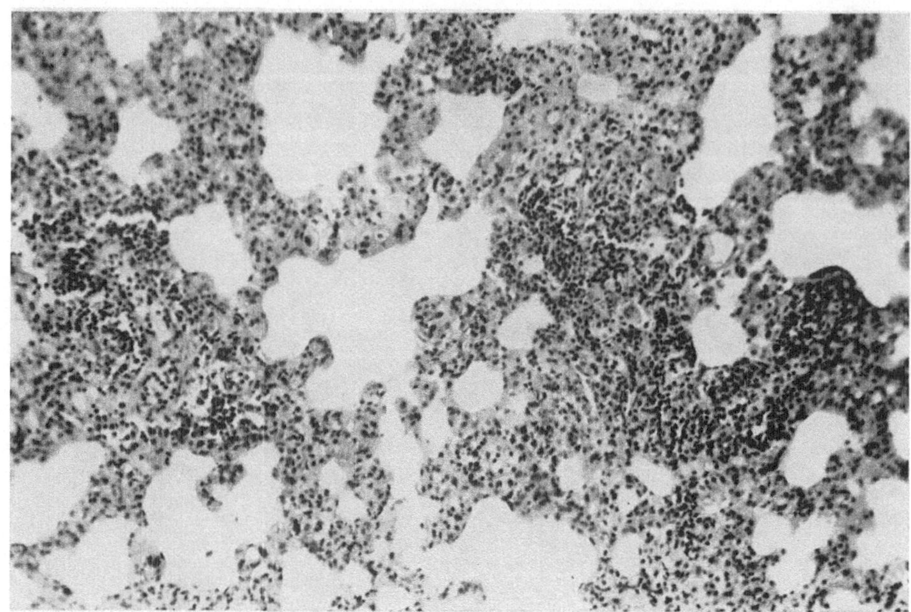

Abb. 36. Deutliche interstitielle Rundzellinfiltrate und Alveolarwandödem 12 Tage post rad. bei Phenylbutazonbehandlung

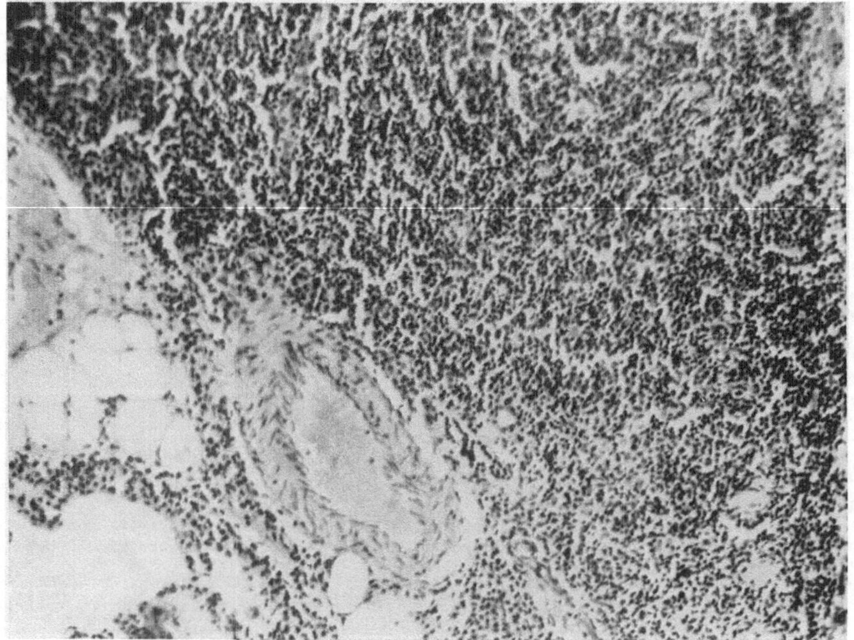

Abb. 37. 12 Tage post rad. und zusätzliche Prednisonbehandlung Ausbildung von Lungenabscessen, schwere pneumonische Veränderungen

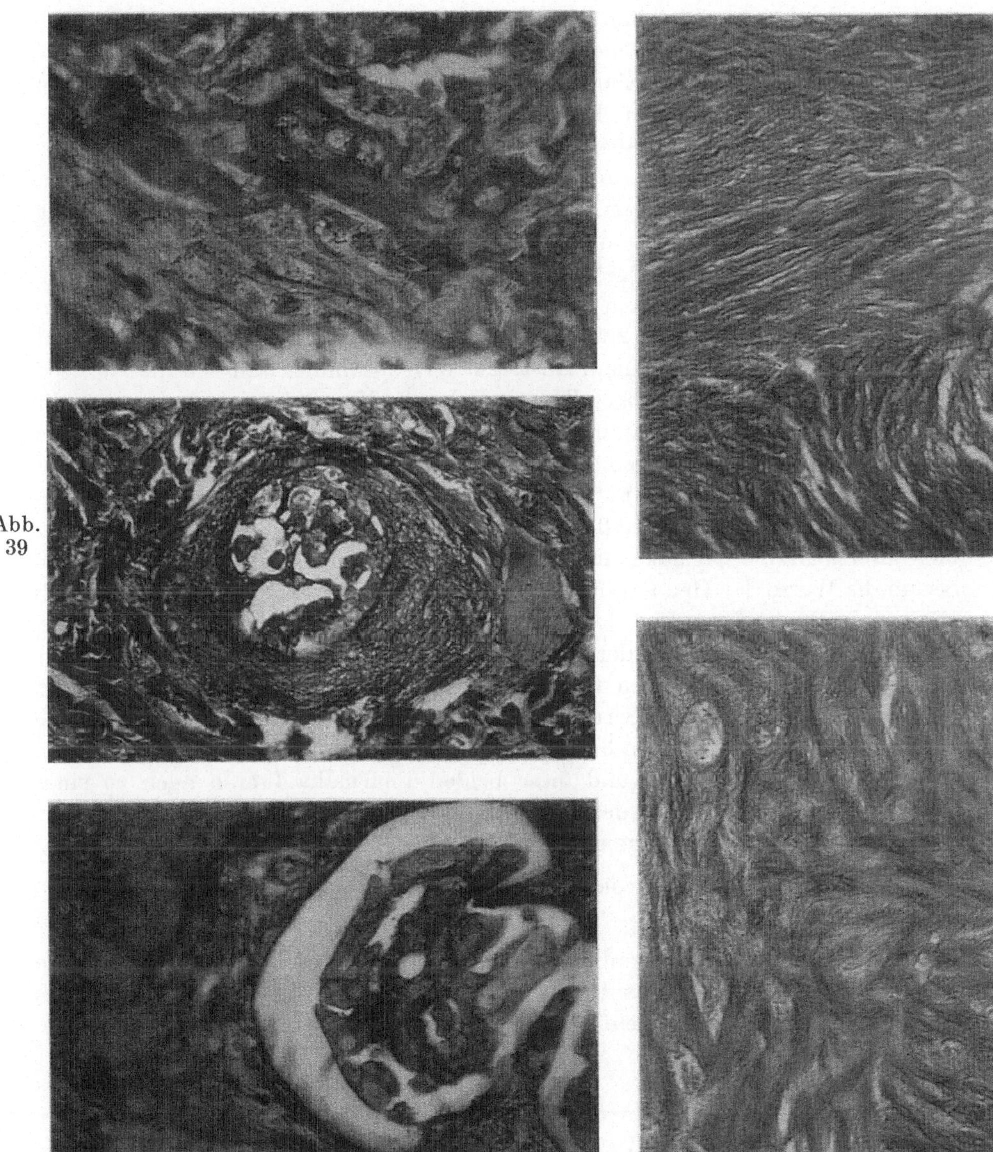

Abb. 38. Metastatische Lymphbahninfarkte beim Mammacarcinom. PAS-Alcianblau-Färbung, stark PAS-positive Tumorzellen, geringer sMPS-Gehalt der Lymphgefäßumgebung

Abb. 39. Zustand nach 3 000 R Elektronenbestrahlung. Starke degenerative Veränderungen der Tumorzellen im Lymphgefäß, eindrucksvolle Vermehrung der sauren Mucopolysaccharide in der bindegewebigen Kapsel um das Lymphgefäß. Die starke Anreicherung saurer Mucopolysaccharide ist in diesem Fall Ausdruck der regenerativen Bindegewebssprossung um den untergehenden Tumor herum

Abbildungsunterschriften der Abb. 40—42 auf Seite 56

2. Biochemische Untersuchungen

Wir versuchten nun zu den jeweiligen histochemischen und morphologischen Bildern der Rattenlunge, biochemische Korrelate herzustellen, um mit Hilfe dieser beiden Nachweismethoden zu erkennen, ob die geprüften, oben genannten Pharmaka einen Einfluß auf den Bindegewebsstoffwechsel bzw. die Bindegewebsreaktion haben. Die von Weigold und Poeplau durchgeführten Untersuchungen lassen nach einer Bestrahlung des normalen Lungengewebes der Versuchstiere erkennen, daß es 3 Std nach der Bestrahlung zu einem Anstieg der Hexosamine und Hexosen im Serum kommt bei gleichzeitigem Abfall des Hexosamingehaltes des Lungengewebes. Die Kurve im Serum ergibt für die Hexosamine nach drei Tagen einen Anstieg und im weiteren Verlauf einen langsamen Abfall bis 2 Monate nach der Bestrahlung. Im Gewebe kommt es nach 3 Tagen wieder zu einem Anstieg der Hexosamine, während die Hexosen nach 6 Tagen zur Norm abgefallen sind. Im 3. Monat kann man einen sehr starken Anstieg der Hexosamine und der Hexosen sowohl im Serum als auch im Lungengewebe beobachten. Bereits einen Monat später sind wieder Normwerte erreicht. Diese konstant bei allen Tiergruppen beobachtete Kurvenbewegung läuft geradezu gesetzmäßig ab und läßt sich durch den Einfluß der von uns untersuchten Pharmaka nur geringfügig verändern. Hierbei schwanken im Serum die Werte der Hexosamine unter den verschiedenen Pharmaka wesentlich stärker als die der Hexosen. Man kann sagen, daß bei den Hexosen die Schwankungen in der Fehlerbreite der Bestimmungsmethode liegen; keines der untersuchten Pharmaka läßt einen Einfluß auf diese Aminozucker nach Einwirkung ionisierender Strahlen im Serum erkennen. Bei den Hexosaminen sind die Schwankungen zwischen dem 3. und 12. Tag am stärksten durch Phenylbutazon bzw. Prednisolon ausgelöst, und diese beiden Pharmaka führen auch zu einer wesentlichen Verminderung der Hexosaminspiegel bei der Bestimmung 2 bzw. 3 Monate nach dem Strahleninsult.

O-(β-Hydroxyaethyl)-rutosid übt keinen nennenswerten Einfluß auf die Hexosaminspiegel im Serum aus.

Im Vergleich zu den Serumhexosaminen verhalten sich die Gewebshexosamine anders. Hier führt besonders HR in der Anfangsphase bis zum 2. Monat nach der Bestrahlung zu einer deutlichen Dämpfung der Hexosaminspiegelanstiege.

Abb. 40. Starke Alcianblau-Reaktion mit Verschiebung der Alcianblau-PAS-Relation im Bereich strahlenförmig wachsender Tumorzellen eines Collumcarcinoms. Typische Reaktion im Sinne der Invasionsfront

Abb. 41. Zustand am Ende der Bestrahlung. Deutliche Reduktion der sauren Mucopolysaccharide, beginnende Vermehrung der neutralen Mucopolysaccharide im Bereiche des Gewebsuntergangs, Tumorzellen noch erkennbar in der Umgebung der Alcianblau-positiven Reaktion

Abb. 42. Nach Abklingen der Strahlenreaktion Ausbildung einer nur mässig saure Mucopolysaccharide enthaltenden bindegewebigen Narbenreaktion ohne Nachweis von Tumorzellen

Auch im 3. Monat nach der Bestrahlung sind die Gipfel weniger hoch als bei den unbehandelten Tieren. Der Charakter der Kurve ist jedoch weitgehend erhalten. Im Vergleich hierzu fällt bei den mit Prednisolon behandelten Tieren am 12. Tag ein starker Hexosaminanstieg auf, der, wie die vergleichenden histochemischen Untersuchungen zeigen, mit schweren abscedierenden Bronchopneumonien der Tiere dieser Untersuchungsserien einhergeht. Auch bei diesen Tieren ist der Anstieg nach 3 Monaten wesentlich geringer als in der Kontrollserie. Auf Grund der biochemischen Untersuchungen würde man zu dem Schluß kommen, daß HR einen entzündungsdämpfenden Effekt in der Anfangsphase hat, der dem des Prednisolon überlegen ist, daß jedoch in der Reparations- bzw. in der bindegewebigen Neubildungsphase das Prednisolon potenter ist als die beiden anderen Pharmaka. Erst die histochemisch-histologische Vergleichsuntersuchung kann jedoch hier einen weitgehenden Aufschluß über die wahren Effekte dieser Pharmaka auf die strahlenbedingte Pneumonitis und Ausbildung der Lungenfibrose geben. Unsere Untersuchungen zeigen sehr deutlich, daß biochemische Untersuchungen während des Ablaufs der Strahlenreaktion an Organen wertvolle Aufschlüsse geben über Zeitpunkt und Art dieser Stoffwechselreaktionen, die man als Ausdruck der entzündlichen Folgereaktionen der Strahlenwirkung beobachten kann. Sie helfen außerdem bei der Interpretation histologisch-histochemischer Veränderungen und verhelfen somit zu einer wesentlich besseren Deutungsmöglichkeit und mehrdimensionalen Betrachtungsweise des ablaufenden pathomorphologischen Geschehens.

3. Diskussion der experimentellen Untersuchungen

Bei den unbehandelten, lediglich bestrahlten Ratten findet man nach 3 Tagen eine verstärkte Capillarfüllung, Schwellung der Capillar- und Alveolarendothelien und geringgradig leukocytäre, plasmacelluläre Reaktion. Am 12. Tag jedoch erkennt man bereits eine stärkere interstitielle lympho-plasmacelluläre Infiltration und abgestoßene Alveolarepithelien. Nach einem Monat kommt es dann zur Abscedierung im peribronchialen Bereiche, teilweise zu Atelektasen, Obliteration von Gefäßen und zwischen dem 3. und 4. Monat dann mit Auftreten von Makrophagen und Riesenzellen zur Ausbildung von Granulationsgewebe und interstitieller Fibrosierung. Die Umwandlung in teilweise solide, narbig-fibrotische Lungenbezirke ist im 5. Monat weitgehend abgeschlossen.

Nach Behandlung mit HR kann man deutlich eine geringfügigere Ausbildung dieser morphologischen Veränderungen beobachten. Dies geht konform mit einer praktisch fehlenden Veränderung des Hexosaminspiegels im Serum der Tiere. Zwar werden die sekundär-proliferativen, fibrotischen Lungenveränderungen nicht verhindert, jedoch sind insgesamt die entzündlichen Prozesse wesentlich geringer ausgeprägt als bei den unbehandelten Tieren. Beim Phenylbutazon hingegen ist in den ersten 6 Tagen der biochemische Verlauf etwa wie bei den Kontrolltieren, erst dann kommt es zu einem deutlichen Abfall des Hexosamins; bei den histologischen Untersuchungsbefunden kann man jedoch eine wesentlich geringere entzündliche Infiltration als bei den Kontrolltieren beobachten. Auch die produktiv-proliferativen Veränderungen am Lungengewebe sind vermindert.

Die Fibrose findet sich lediglich perivasculär, und rein vom histologischen Standpunkt resultiert nach Abklingen der entzündlichen Erscheinungen ein funktionell gutes Resultat.

Bei der Behandlung mit Prednisolon beobachtet man entsprechend dem starken Anstieg des Hexosamingehaltes im Lungengewebe (um 50 % der Norm) histologisch eine Ausbildung von Abscessen mit Einschmelzung ganzer Lungenbezirke und eine starke hämorrhagische Komponente. Diese Veränderungen wurden bei den anderen Vergleichsreihen in keinem Fall gefunden. Trotz des Abfalls der Hexosaminkurve kann man bei den Prednisolontieren auch weiterhin schwere pneumonische Veränderungen histologisch nachweisen. Nach 3 Mona ten ist die Lunge fast völlig konsolidiert, es kommt zu Obliteration von Gefäßen größerer Kaliber, die Lunge ist mit Schleimcysten durchsetzt. Nach 3 bzw. 4 Monaten besteht bei den Prednisolontieren das Bild der destroyed-lung. In diesem Falle ist die histologisch-histochemische Untersuchung wesentlich aufschlußreicher hinsichtlich des Ablaufs der Entzündung als auch der Auswirkung funktioneller Natur, da die biochemische Verlaufskurve eher für eine günstigere Wirkung von Prednisolon in der Endphase spricht. Faßt man die Ergebnisse dieser Untersuchungsreihe zusammen, so kann man sagen, daß O-(β-Hydroxyaethyl)-rutosid (Venoruton®) bzw. Phenbutazon oder Prednisolon zeitlich unterschiedlich in den Ablauf der Entzündung oder die durch die ionisierende Strahlung ausgelösten radiochemischen Folgereaktionen eingreifen. HR wirkt offensichtlich am meisten in der Anfangsphase auf die Depolymerisationsvorgänge und die exsudativen Phänomene, während es auf die Bindegewebsneubildung, in diesem Falle die Fibrosierungstendenz, keinen nennenswerten Einfluß hat. Zweifellos hängt das Ausmaß der späteren Fibrosebildung von dem Grad der ablaufenden Entzündung ab, so daß auch HR auf das Endprodukt der eingeleiteten Reaktion indirekt Einfluß nimmt. Das Phenylbutazon hat offensichtlich einen proliferationshemmenden Effekt, da es weniger die exsudativen Anfangsreaktionen mindert, sondern die sich ausbildende Regenerationsphase und Bindegewebssprossung in Grenzen hält. Prednisolon hat in beider Hinsicht einen ungünstigen Effekt, da es durch die zum Ausbruch kommende bakterielle Superinfektion infolge Immunosuppression zu abscedierenden Bronchopneumonien kommt. Die vermehrte Blutungstendenz in diese entzündlichen Bezirke führt dann zu Nekrosen, Ausfüllung des Alveolarraumes mit abschließender Carnifikation und funktionell ungünstigen Endresultaten.

Prednisolon ist zwar gegenüber den beiden anderen angewendeten Pharmaka sicher das potentere Antiphlogisticum. Es hat außerdem einen Einfluß auf die Synthese der Hyaluronsäure, wie bei der Behandlung degenerativer, bzw. rheumatoider Gelenkveränderungen mit Hydrocortison nachgewiesen werden konnte (ausführlich bei Brimacombe u. Webber). Andererseits wirkt das Nebennierenrindensteroid jedoch immunosuppressiv, wodurch es zu einer Überwucherung der vorhandenen Bronchialflora kommt, und sich auf Grund der starken Proliferationshemmung dann Nekrosen, Abscedierungen und Arrosionsblutungen zeigen können. Die positiv antiphlogistisch-antiproliferative Wirkung des Nebennierenrindensteroids wird in diesem Falle durch seine negativen Nebenwirkungen wieder aufgehoben. Nach Absetzen des Präparates führt dann die Regeneration zu wesentlich ausgeprägteren, fibrotischen Ersatzreaktionen, als dies bei den übrigen Präparaten bzw. sogar bei den Kontrolltieren der Fall ist. Man muß daher aus diesen Untersuchungsergebnissen folgern, daß bei einer hochdosierten Prednisolontherapie eine antibiotische Behandlung nach Testung erforderlich ist. Wesentlich sinnvoller ist die Anwendung zwar milder wirkender Antiphlogistica, die jedoch diese Nebenwirkungen vermissen lassen. Geeignet hierzu erscheint besonders HR, das keine toxischen Wirkungen auf den Organismus entfaltet.

VI. Zusammenfassung der Ergebnisse

Die bereits mit histochemischen Untersuchungen, insbesondere mit der Alcianblau-PAS-Reaktion, deutlich zu machende Verschiebung der Relation neutraler und saurer Mucopolysaccharide infolge der Einwirkung ionisierender Strahlen ließ sich vor allem durch biochemische Untersuchungen, wie Nachweis der Hexosen, Hexosamine und Seromucoide in Serum und Gewebe, aufzeigen und fortlaufend registrieren. Sowohl bei Patienten mit malignen Tumoren als auch bei transplantablen Tiertumoren konnte eine Relation des Verhaltens der Serumaminozuckerspiegel zum Geschwulstwachstum nachgewiesen werden. Die Veränderungen der Serumaminozucker im Rahmen des Geschwulstwachstums sind als Ausdruck der Auseinandersetzung des Geschwulstgewebes mit dem umgebenden Bindegewebe anzusehen. Es besteht eine Beziehung der Höhe der Aminozuckerspiegel zur Tumormasse bzw. zu nekrotischem Zerfall und reaktiver Entzündung. Gleichzeitig konnte gezeigt werden, daß die Eliminierung des Tumorgewebes, sei es durch Operation, sei es durch die Strahlentherapie, einen deutlichen Einfluß in Richtung Normalisierung der Aminozuckerspiegel ausübt. Andererseits ist die Erhöhung der Aminozuckerspiegel im Serum als unspezifisches Phänomen auf krankhafte Vorgänge am Bindegewebe aufzufassen. Diese Tatsache wurde durch experimentelle Untersuchungen bewiesen.

Sowohl durch die klinischen Untersuchungen von Busse, Stauch und Schröter als auch durch die experimentellen Untersuchungen von Müller, Poeplau und Weigold konnte gezeigt werden, daß trotz der Unspezifität der Bewegung der Serumaminozuckerspiegel durch die Verlaufskontrolle und Kenntnisse über Grundkrankheit und durchgeführte Therapie diese biochemische Untersuchungsmethode eine wertvolle Ergänzung in der strahlentherapeutischen Klinik darstellt. Es seien hier nur die Differentialdiagnose zwischen Lymphangiosis carcinomatosa pulmonis und Strahlenfibrose genannt, die Progression oder Regression von Tumorgewebe, die Reaktion des periblastomatösen Gewebes während der Bestrahlung oder das Ausmaß reaktiver entzündlicher Prozesse. Mit Hilfe dieser Bestimmung von Bindegewebsbausteinen in Serum und Gewebe konnte außerdem gezeigt werden, daß mit hoch wasserlöslichen Flavonoiden von der Art des O-(β-Hydroxyaethyl)-rutosids, die praktisch atoxisch sind und keine Nebenwirkungen beobachten lassen, sekundäre entzündliche Reaktionen am Bindegewebe im Rahmen einer Strahlentherapie so wesentlich gedämpft werden können, daß spätere ernsthafte Komplikationen, wie z. B. Strahlenfibrosen, zu vermeiden sein dürften. Es hat sich gezeigt, daß diese Substanzen direkt eine Schutzfunktion gegenüber der depolymerisierenden Wirkung ionisierender Strahlen an den Mucopolysacchariden ausüben.

In den weiteren Ausführungen werden Methoden zur Isolierung der sauren Mucopolysaccharide selbst und ihr Verhalten unter der Einwirkung ionisierender Strahlen aufgezeigt.

VII. Das Verhalten der sMPS (saure Mucopolysaccharide) in der Schweinehaut, dem Knorpel des Kaninchenkehlkopfes und im menschlichen Urin bei Tumoren und nicht malignen Erkrankungen des Bindegewebes

Daß der Stoffwechsel der Bindegewebszellen zahlreichen endogenen und exogenen Einflüssen unterliegt, konnte von verschiedenen Autoren eindeutig nachgewiesen werden. Boström hat in einer Übersichtsarbeit hierzu die verschiedenen Befunde beschrieben und die Autoren dieser Untersuchungen zitiert. So findet sich eine Hemmung der Chondroitinschwefelsäuresynthese, welche mit Hilfe der S 35-Sulfatmarkierung studiert wurde, bei Verabreichung von Cortison, Hydrocortison, Hypophysektomie, Vitamin C- und Vitamin A-Mangel, als auch bei Einwirkung von Röntgenstrahlung. Eine Steigerung der Synthese hingegen wird bei Gaben von Thyroxin und Somatotropin beobachtet. Eine gesteigerte Synthese findet sich auch beim Chondrosarkom. Eine Acceleration des Mesenchymstoffwechsels kann man unter anderem bei einer Toxinwirkung nach Infektionen sowie infolge mechanischer und physikalischer Reize beobachten. Hierbei ist ein gesteigerter Einbau von S 35-Sulfat in die sulfatierten Mucopolysaccharide oder von C 14-Prolin in Kollagen erkennbar. Nach Hauß handelt es sich hierbei um unspezifische Mesenchymreaktionen. Wagner berichtet über eine Steigerung der Einbaurate nach mittleren Vitamin D-Dosen. Bei Vitamin A kam es zu einer Hemmung der Einbaurate von S 35 in die Sulfomucopolysaccharide des Bindegewebes von Herz und Aorta. Es konnte somit gezeigt werden, daß Hormone und Vitamine in den Stoffwechsel der Mesenchymzelle sowohl hemmend als auch stimulierend eingreifen. Junge-Hülsing u. Hauß konnten mit Hilfe der Sulfatmarkierung der Sulfomucopolysaccharide zeigen, daß der Bindegewebsstoffwechsel durch Intoxikation und Infektion bzw. nach Sensibilisierung durch Eiweiß erheblich gesteigert wird, während er durch Pharmaka z. T. gedämpft, z. T. stimuliert wird. Bei Cortisongaben kam es zu einer deutlichen Hemmung, unter Behandlung mit Chlorochin zu einer wesentlichen Steigerung der Einbaurate von S 35. Nach Hilz kommt es an der isolierten Aorta unter Testosteronwirkung zu einer Erhöhung von Atmung und Sulfopolysaccharidsynthese, während Oestradiol eine Erniedrigung bewirkt. Alle diese Untersuchungsergebnisse zeigen, daß das Wechselspiel von Hormonen, spezielle Wirkung von Vitaminen, Einflüsse der Nahrung und die Auseinandersetzung der Umwelt (Infektionen und Vergiftungen bzw. endogene Erkrankungen, genetisch bedingte Stoffwechselleiden, Allergie, Geschwulstwachstum) mehr oder weniger deutliche Rückwirkungen auf den Bindegewebsstoffwechsel ausüben, die sich besonders durch biochemische Untersuchungen der Umsatzrate der sMPS nachweisen lassen.

Dem erfahrenen Strahlenkliniker ist es bekannt, daß bei Verwendung der gleichen Strahlenart und gleichen Bestrahlungsmethodik bei verschiedenen

Patienten unterschiedlich starke Strahlenreaktionen auftreten, wobei wir hier vor allem auf die Neigung zur Unterhautbindegewebsfibrose bzw. die Lungenfibrose hinweisen möchten. Daß hier auch das Endokrinium eine Rolle spielt sowie die Konstitution des Patienten, ist ebenfalls eine geläufige Erkenntnis. So findet man die ausgeprägten subcutanen Bindegewebsfibrosen bei pyknischen Frauen häufiger als bei leptosomen. Heftigere Strahlenreaktion bei der Hyperthyreose, im Gegensatz zur Hypothyreose, und auch Einflüsse der Hormone auf den Bindegewebsstoffwechsel im Rahmen der Strahlenwirkung sind bei Androgen- bzw. Oestrogen- oder Steroidbehandelten bekannt.

Kärcher hat die Bedeutung der biochemischen Untersuchung der Bindegewebsbausteine während der Strahlentherapie in mehreren Arbeiten herausgestellt und mit Hilfe der elektrophoretischen Trennung die Darstellung der sauren Mucopolysaccharide in Serum, Urin und Gewebe während der Bestrahlung an Tumorpatienten mitgeteilt. Es handelte sich hierbei um rein qualitative Nachweismethoden.

Die für die klinische Strahlentherapie neuartige Möglichkeit, den Bindegewebsstoffwechsel zu verschiedenen Zeitpunkten der Strahlenwirkung an den unterschiedlichen Organen zu untersuchen, regten Hallermann, Staff, Hansen und Wiebking zu quantitativen Bestimmungen der sMPS an.

Um feststellen zu können, welche sMPS im Gewebe und in welchem Verhältnis zueinander sie vorkommen, müssen die verschiedenen Gewebe nach bestimmten Verfahren aufgearbeitet und extrahiert werden. Von Interesse ist hierbei, eine möglichst hohe Ausbeute und einen großen Reinheitsgrad der sMPS zu erhalten. Hierzu müssen die Organe zerkleinert und entfettet werden. Eiweiß und niedermoleculare Begleitsubstanzen müssen abgetrennt werden. Zur Trennung der erhaltenen sMPS kann man sich verschiedener Methoden bedienen. Im wesentlichen verwandten wir hierzu die Verfahren, wie sie von Buddecke angegeben wurden.

Bei der Extraktion der sMPS aus der Schweinehaut bzw. dem Kaninchenkehlkopfknorpel wurde nach den Angaben von Seng, Susuki, Weber und Voigt, Antonopoulos, Gardell u. Hammström vorgegangen. Zur Abtrennung der Proteine wurde das Ausgangsmaterial einer Papain-Hydrolyse unterworfen, durch die nach Blumberg u. Ogston ein höherer Reinheitsgrad der sMPS als durch eine Pepsin- und Trypsinverdauung erzielt werden kann. Das zerkleinerte und durch Aceton entfettete Ausgangsmaterial wurde nach Trocknung mit einer Papainlösung 15 Std bei 65° inkubiert, anschließend im Vakuumrotator eingeengt und 24 Std gegen fließendes Wasser dialysiert, anschließend weitere 12 Std gegen Aqua dest. destilliert. Es wird dann mit Äthanol gefällt, Aqua dest. gespült und nochmals bei pH 10 mit Äthanol gefüllt, anschließend mit Aqua dest. gelöst, bei pH 2–3 eine weitere Fällung mit Äthanol durchgeführt. Nach Lösung der Fällung mit Aqua dest. wird dann das sMPS-Gemisch eingefroren und mit der Gefriertrocknungsanlage völlig entwässert, so daß lediglich die sMPS-haltige Trockensubstanz zurückbleibt. Auch das sMPS-Gemisch kann nun durch verschiedene Verfahren in seine einzelnen Bestandteile getrennt werden. Wir haben hierfür einmal die gekühlte Hochspannungselektrophorese und die Chromatographie mit Ionenaustauschern verwendet (Abb. 43 u. 44). Nach Trennung der einzelnen sMPS-Anteile wird in den Trockensubstanzen der

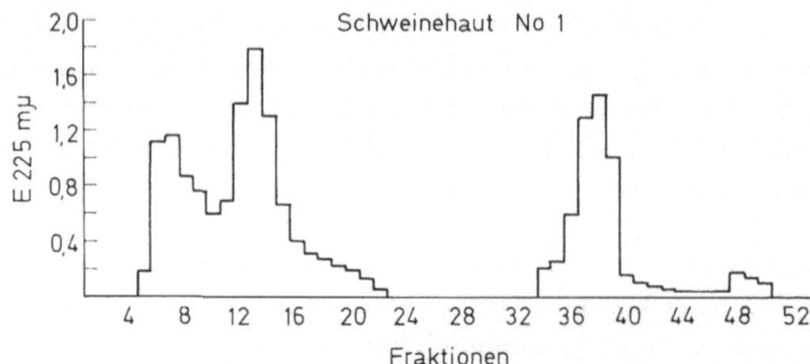

Abb. 43. Elutionsdiagramm der Schweinehaut zeigt die Trennung der sMPS über Ionenaustauscher

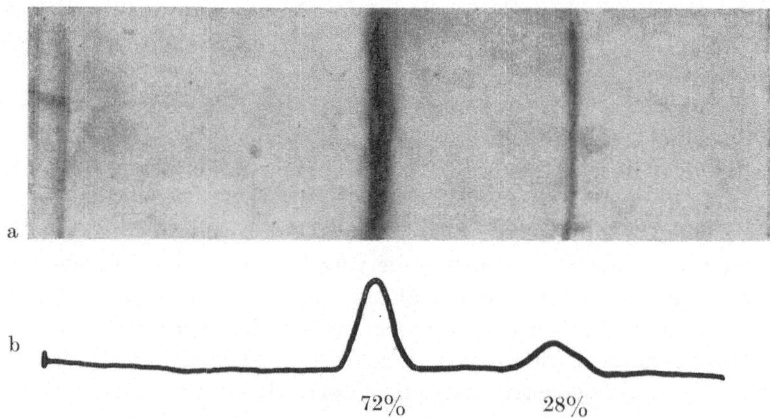

Abb. 44. Elektrophoretische Trennung der sMPS mittels Acetatmembranfolie, Alcianblaufärbung und densitometrischer Auswertung

Hexosamingehalt bestimmt und aus dem Hexosamingehalt und dem bekannten Verhältnis zwischen Hyaluronsäure und Chondroitinsulfat der sMPS-Gehalt der Trokkensubstanzen berechnet. Die Hexosaminbestimmung wurde mit Hilfe des Elson-Morgan-Testes, den wir bereits vorher beschrieben haben, durchgeführt. Als Ionenaustauscher wurde Sephadex A 25 (DEAE-Sephadex d. Fa. Pharmacia, Uppsala-Schweden) und für die Hochspannungselektrophorese das Gerät Pherograph-Original-Frankfurt von Hormuth und Vetter, als Trägermaterial Acetatmembranfolie der Fa. Schleicher und Schüll, Dassel, verwendet. Die ausführliche Darstellung der Durchführung dieser Methoden findet sich bei Buddecke und in den Arbeiten von Hallermann, Staff und Wiebking. Zur Identifizierung der getrennten Substanzen wurden von den einzelnen Maxima der Chromatographie-Elutionen Infrarotspektren mit dem Infrarotspektograph von Perkin und Elmer 221 aufgenommen und mit Spektren der Reinsubstanzen verglichen. Beim Knorpel vom Kehlkopf des Kaninchens fanden sich in der Hauptsache Chondroitinsulfat und Spuren von Hyaluronsäure als Zeichen des anhängenden umgebenden Bindegewebes. In der Schweinehaut fand sich ein Verhältnis von 70 % Hyaluronsäure zu 30 % Chondroitinsulfat. Bei dem jungen normalen

Hausschwein wurde in beiden Flanken auf 6 Felder je Feld 2000 R schnelle Elektronen von 6 MeV Energie eines 15 MeV Betatrons verabreicht. Zur homogenen Ausstrahlung wurde eine Plexiglasfolie von 1 cm Stärke vorgeschaltet. Die Bestrahlung der einzelnen Felder erfolgte im Abstand von einer Woche. Unmittelbar nach der Bestrahlung des letzten Feldes wurde das Tier getötet, die einzelnen Hautareale excidiert und, wie beschrieben, aufgearbeitet. Während der gesamten 6wöchigen Beobachtungszeit ändert sich das Verhältnis von Hyaluronsäure zu Chondroitinsulfat in der Schweinehaut unter dem Einfluß ionisierender Strahlen, in diesem Fall schneller Elektronen, nicht. Der Gehalt an sMPS hingegen zeigt einen wellenförmigen Kurvenablauf, wobei es zunächst 1 Std nach Bestrahlung zum Abfall, eine Woche nach der Bestrahlung zu einem deutlichen Anstieg und dann kontinuierlich zu einem Abfall bis zur 4. Woche post radiationem kommt (Abb. 45). In der 5. Woche steigen die Mucopolysaccharide wieder an. Histochemisch läßt sich diese wellenförmige Bewegung im Mucopolysaccharidstoffwechsel nach Einwirkung ionisierender Strahlen nicht realisieren. Hier dominieren mehr die morphologischen Veränderungen im Sinne einer Strahlenakan-

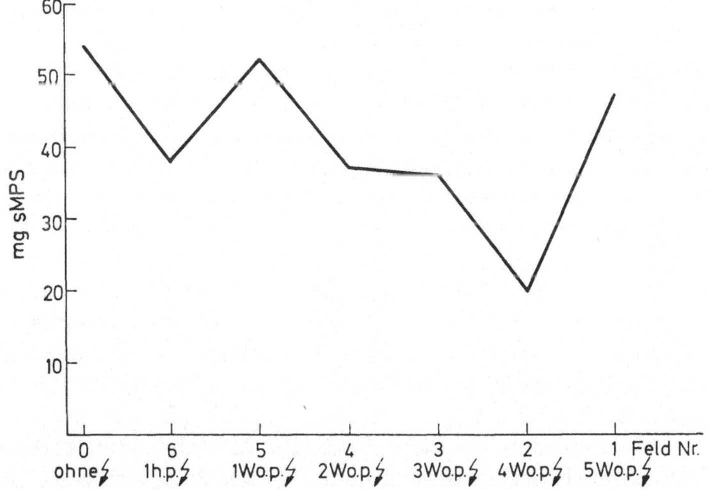

Abb. 45. Verhalten der sMPS der Schweinehaut nach Einzeitbestrahlung mit 6 MeV schnelle Elektronen (2000 R) im Verlauf einer 5wöchigen Beobachtungszeit

those der Epidermis. Bei der Untersuchung des sMPS-Gehaltes des Kaninchenkehlkopfes im Verlaufe der Strahlenwirkung konnte Staff feststellen, daß es zunächst unter der Einwirkung der Strahlen zu einem geringen Anstieg der sMPS kam, die dann aber nach der 3. bis 5. Woche deutlich abnahmen. Bei der Bestrahlung des Kaninchenkehlkopfes wurden 2 Versuchsreihen gegenübergestellt, wobei einmal elektromagnetische Wellenstrahlung des Caesium 137 mit einer Energie von 0,662 MeV und einer Corpuscularstrahlung in Form schneller Elektronen mit einer Energie von 6 MeV zur Anwendung kam. Die Dosis betrug in beiden Fällen in Kehlkopfmitte 1500 rad. Sie wurde in einer einzeitigen Applikation zur Wirkung gebracht. Bei Vergleich der Mucopolysaccharidveränderungen im Kaninchenkehlkopf zwischen den beiden Strahlenarten läßt sich eine unterschiedliche Wirkung von Caesium-γ-Strahlen bzw. schnellen Elektronen in der 1. und 3. Woche nicht nachweisen. Lediglich in der 5. Woche kommt es zu einem stärkeren Abfall des sMPS-Gehaltes in den Kehlköpfen nach Anwendung von Elektronenstrahlen. Es kann somit angenommen werden, daß die Bestimmung der sMPS im Knorpel eine brauchbare Methode zur Klärung der relativen biologischen Wirksamkeit zweier verschiedener Strahlenqualitäten ist. Aus diesem Grund bemühte sich Hansen, mit der gleichen Methodik am Kaninchenkehlkopf sowohl mit den beschriebenen histochemischen wie mit biochemischen Verfahren zu prüfen, ob durch eine Sauerstoffüberdruckanwendung im Rahmen der Strahlentherapie die Strahlensensibilität des Kehlkopfknorpels gesteigert wird. Diese Frage ist von zunehmender Bedeutung, zumal die Sauerstoffüberdruckbehandlung in den letzten Jahren in der klinischen Strahlentherapie mehr und mehr an Bedeutung gewonnen hat. Es sei hierbei auf die Arbeiten von Churchill-Davidson, van den Brenck, Wildermuth, als auch aus unserem eigenen Arbeitskreis von Kärcher, Kuttig, Morita u. Becker hingewiesen. Sollte sich mit histochemischen und biochemischen Untersuchungen der Mucopolysaccharide bzw. ihres Stoffwechsels nachweisen lassen, daß durch die Erhöhung des Sauerstoffpartialdruckes im Knorpelgewebe eine Zunahme der Strahlensensibilität eintritt, wäre durch die klinisch-biologische Forschung dem Strahlentherapeuten ein Hinweis zur Vorsicht bei der Anwendung dieses neuartigen Verfahrens, besonders bei Bestrahlung des Kehlkopfes, gegeben. Aus der Literatur ist bekannt, daß gerade schlecht durchblutete Gewebe eine Sensibilitätssteigerung für die ionisierende Strahlung erfahren. Dies trifft nicht nur für gefäßarme Tumorgewebe, sondern ebenso für schlecht vascularisiertes Normalgewebe zu.

Hansen ging bei seinen Versuchen in gleicher Weise vor wie Staff, nur wurde hier eine Versuchsserie mit Caesium 137-Teletherapie in atmosphärischer Luft bestrahlt, während die zweite Versuchsserie die gleiche Dosis unter 3 atm Sauerstoff erhielt. Es folgt dann im Abstand von einer Woche die histochemische und biochemische Aufarbeitung der Kaninchenkehlköpfe, und wie man auf den nächsten 3 Abbildungen sehen kann, läßt sich histochemisch, sowohl morphologisch als auch färberisch, ein deutlicher Unterschied zwischen bestrahltem und unbestrahltem Knorpel erkennen. Außerdem ist jedoch der Unterschied bei den Tieren, die in Luft bestrahlt wurden gegenüber denen, die im Sauerstoffüberdruck bestrahlt wurden, recht eindrucksvoll. Diese histochemischen Untersuchungen erfolgten 12 Wochen nach der Bestrahlung. Man erkennt hierbei einmal eine deutliche Verbreiterung der Kehlkopfschleimhaut, eine deutliche Vergröberung der PAS-positiven Basalmembran, eine Gefäßerweiterung und Auflockerung des weichen Bindegewebes zwischen der Schleimhaut und dem Knorpel. Auch hier findet man eine deutliche Vermehrung der PAS-positiven Substanzen. Die Relation von Alcian-positiver und PAS-positiver Substanz im Knorpel hat sich gegenüber dem unbestrahlten Knorpel nur mäßig verschoben. Ganz anders ist die Reaktion am bestrahlten Knorpel unter Sauerstoffüberdruckbedingungen. Hier überwiegt die PAS-positive Färbung. Es ist zu einer deutlichen Nekrotisierung des Knorpels und zu einer morphologisch weitgehenden Zerstörung der Schleimhaut gekommen. Die Knorpelzellen sind in ihren Grenzen verwaschen, sie zeigen eine weitgehende Auflösung in ihrer Struktur, vor allem der Kerne. Der gesamte Knorpel ist nahezu dunkelrot-violett tingiert als Ausdruck der überwiegenden Einlagerung neutraler Mucopolysaccharide — ein typisches Zeichen für entzündlich-nekrotisch verändertes Gewebe. Bei der biochemischen Untersuchung fällt vor allem die Abnahme des Gesamt-sMPS-Gehaltes sowohl bei Bestrahlung in Luft als auch unter Sauerstoffüberdruck vom dritten Tag nach der Bestrahlung bis zur 5. Woche nach der Bestrahlung auf. In dieser Zeit ist der Abfall unter Sauerstoffüberdruck deutlich stärker. 12 Wochen nach der Bestrahlung ist der Mucopolysaccharidgehalt im Knorpel der in Luft bestrahlten Tiere weiter abgesunken, während die Mucopolysaccharidkurve der unter Sauerstoffüberdruckbedingungen bestrahlten Tiere angestiegen ist. Zu diesem Zeitpunkt dürfte der vermehrte Mucopolysaccharidgehalt im Knorpel der sauerstoffüberdruckbestrahlten Tiere auf einer stärkeren Entzündung als bei den in Luft bestrahlten Tieren basieren. Diese Untersuchungen brachten somit sowohl histochemisch, morphologisch als auch biochemisch den Beweis, daß Sauerstoffüberdruck zu einer Sensibilitätssteigerung dieses reaktionsträgen Gewebes führt, so daß bei der Bestrahlung von knorpelhaltigen Gewebe unter Sauerstoffüberdruck größte Vorsicht hinsichtlich der Dosierung geboten erscheint.

Ausser der Isolierung und Bestimmung der Veränderungen der sMPS-Gehalte von Haut und Kaninchenknorpel unter dem Einfluß ionisierender Strahlen haben wir uns der Frage der Isolierung der sMPS aus dem menschlichen Urin zugewandt, um zu klären, ob dieses Untersuchungsverfahren bei der Diagnostik und Verlaufskontrolle von malignen oder benignen Erkrankungen des Bindegewebes unter Umständen von klinischer Bedeutung sein könnte.

1. Methoden zur Isolierung der sMPS aus dem Urin

Die Gesamtbestimmung der im Urin ausgeschiedenen sMPS kann ohne größerem Aufwand durchgeführt werden. Dagegen bringt die Fraktionierung der Gesamt-sMPS eine Reihe von Schwierigkeiten mit sich. Allgemein üblich waren bisher die Präcipitationsverfahren mit Cetylpyridiniumchlorid (Buddecke, 1960), mit Cetyltrimethylammoniumbromid (Teller, 1964) oder mit Äthanol in steigender Konzentration von Ca^{++}-Ionen (Gardell, 1961). Die quantitative Bestimmung der durch Präcipitation gewonnenen Fraktionen geschah durch Messung einer der Teilkomponenten, wie z. B. der Glucuronsäure nach Dische (1947), des Hexosamins nach Elson u. Morgan (1933) oder durch Bestimmung des Sulfat-Gehalts. Auch die papier- und säulenchromatographischen Trennungen kamen zur Anwendung (Spolter u. Marx, 1961; Clausen u. Mitarb., 1963).

Kerby (1954) berichtet über die Isolierung von sMPS durch Hinzusetzen von Benzidinhydrochlorid (Astrup, 1947) zu normalem Menschenurin. Die durchschnittliche tägliche Ausscheidung von sMPS beträgt bei ihm $3 \pm 0{,}6$ mg für Frauen und $4{,}9 \pm 1{,}3$ mg für Männer. Die Hauptkomponente der aus Urin erhaltenen Fraktion ist chromatographisch nicht von Chondroitinsulfat zu unterscheiden. Ähnliche Beobachtungen machten Di Ferrante u. Rich (1956). Die mit der Cetyltrimethylammoniumbromid-Fällungsmethode gewonnene sMPS-Fraktion war papierchromatographisch nicht von dem aus dem Nasenseptum eines Rindes extrahierten Chondroitinsulfat zu unterscheiden. Auch im Infrarot-Spektrum waren beide Substanzen identisch. Die Elektrophorese von konzentriertem Normalurin in Veronal-Acetat-Puffer vom pH = 8,6 ergab eine scharfe Trennung von drei verschiedenen sMPS. Die am schnellsten gelaufene und reichhaltigste Komponente wanderte in der gleichen Weise wie Chondroitinsulfat A (Heremans u. Mitarb., 1959).

Untersucht wurde ein Patient mit Osteochondrosarkom, ein Patient mit chondroplastischem Sarkom, ein Patient mit Plasmocytom vor und nach Therapie mit P 32, sowie ein Patient mit Sclerodermia diffusa. Im Vergleich hierzu wurde Urin von gesunden Versuchspersonen auf den sMPS-Gehalt untersucht. Die 24 Std-Urinproben wurden bei Zimmertemperatur unter Zusatz eines Thymolkristalls gesammelt. Nach Thompson u. Castor hat Thymol keinen Einfluß auf die Isolierung und Messung der sMPS im Urin.

2. Eigene Methode zur Darstellung und Reinigung der sMPS aus dem Urin

Um Aussagen über die sMPS machen zu können, muß das Material, in dem sie enthalten sind, zunächst aufgearbeitet werden. Je nach Ausgangsmaterial und Verwendungszweck variieren die anzuwendenden Methoden. Man wird aber daran interessiert sein, eine möglichst hohe Ausbeute und einen möglichst hohen Reinheitsgrad zu erzielen. Die wesentlichen Schritte der Aufarbeitung bestehen darin, die nicht zu untersuchenden Anteile zu entfernen. Dies erreicht man durch Abtrennung niedermolekularer Begleiter, durch Trennung von begleitendem Eiweiß, durch Extraktion, durch Umwandlung in Salze, durch Überführung in Trockenprodukte.

Die Urinproben wurden nach folgendem Verfahren aufgearbeitet: Der gesammelte Urin wurde in Dialysierschläuchen (68 mm ⌀, Kalle AG., Wiesbaden-Biebrich) 15 Std lang gegen fließendes Wasser dialysiert, mit verdünnter Natronlauge auf pH = 6,5 eingestellt, auf 56° C erhitzt und zentrifugiert. Der Überstand wurde in Kolben in einer Kältemischung aus Trockeneis/Aceton eingefroren. An der Gefriertrocknungsanlage wurde Wasser entzogen. Die zurückbleibende Trockensubstanz wurde gewogen, bevor sie anschließend einer längeren Extraktion im Soxhlet (Sandbad) ausgesetzt wurde. Extrahiert wurde mit Methanol (Merck 6009) 6—8 Std. Die so behandelte Trockensubstanz wurde an der Luft getrocknet, dann in Aqua dest. mit Hilfe eines Magnetrührers 10 min aufgeschwemmt. Mehrfaches hochtouriges Zentrifugieren (6000 U/min) und anschließendes Filtrieren ergab eine klare gelb-braune Flüssigkeit. Diese wurde gefriergetrocknet. Von der Trockensubstanz wurde eine 1 %ige wäßrige Lösung hergestellt, diese 10 min auf 100° C erhitzt, hochtourig zentrifugiert, in Aqua dest. über Nacht dialysiert und gefriergetrocknet. Diese Trockensubstanz wurde mit 0,6 M $HClO_4$ zu einer 1 %igen Lösung angesetzt, zentrifugiert, gegen fließendes Wasser über Nacht, dann gegen Aqua dest. dialysiert und gefriergetrocknet.

Die zuletzt erhaltene Trockensubstanz wurde auf ihren Gehalt an sMPS sowie auf deren Zusammensetzung hin untersucht. Die sMPS können mit verschiedenen Methoden nachgewiesen werden. Die Nachweismethoden stützen sich entweder auf chemische oder physikalische Eigenschaften der sMPS.

Nach Erhalt der sMPS-Trockensubstanz erfolgt die Trennung und quantitative Bestimmung wie bei den Organextrakten.

Die nächste Tabelle zeigt einen Überblick über die Ergebnisse der gefundenen Werte im normalen und pathologischen Urin.

Tabelle 2. *Überblick über die Ergebnisse der pathologischen Urine*

	Verhältnis Hy- CHS (in %)	TS in 100 ml Urin (in %)	Hy (in mg)	CHS (in mg)	Ges. sMPS (in mg)	sMPS (in %)
Normalurin	22 : 78	4,58	0,345	1,23	1,58	35
Plasmocytom vor Bestrahlung	57 : 43	10,20	0,89	0,67	1,56	15
Plasmocytom nach Bestrahlung	79 : 21	9,00	1,18	0,32	1,50	17
Sklerodermie	86 : 14	17,85	3,40	0,55	3,95	22
Osteochondrosarkom	64 : 36	11,35	1,72	0,96	2,68	24
Chondroplast. Sarkom	29 : 71	16,85	1,44	3,53	4,97	30

Es fand sich im Normalurin ein Verhältnis von Hyaluronsäure zu Chondroitinsulfat wie 22:78 %.

Bei malignen Tumoren des Stützgewebes war die Gesamtausscheidung an sMPS deutlich vermehrt und die Relation besonders beim Osteochondrosarkom auf die Seite der Hyaluronsäure verschoben. Beim chondroplastischen Sarkom fanden wir eine normale Relation der Ausscheidung von Hyaluronsäure und Chondroitinsulfat. Bei der Sklerodermie hingegen stand wieder eine stark vermehrte Ausscheidung von Hyaluronsäure mit einer deutlichen Verschiebung der Relation von 86:14 %, wie dies auch bei histochemischen Befunden der Sklerodermie-Haut zu erwarten war (Abb. 46).

Diese biochemischen Untersuchungen, wie die Trennung der sMPS aus menschlichem Urin, zeigten, daß es mit den angewendeten Methoden möglich ist, Hyaluronsäure und Chondroitinsulfat zu trennen und quantitativ nachzu-

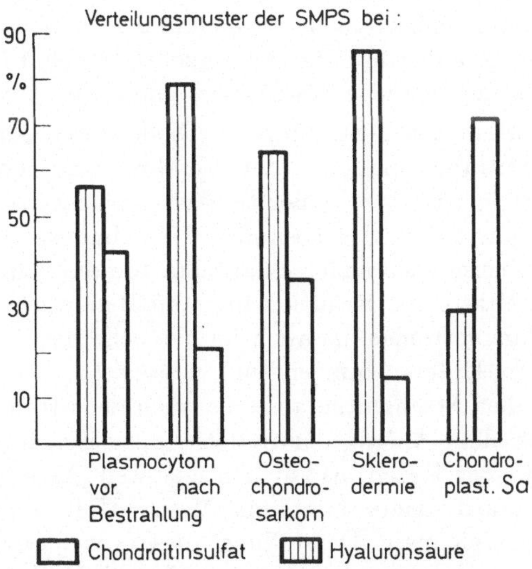

Abb. 46. Verteilungsmuster der sMPS im Urin bei malignen Tumoren des Knochens, Knorpels und bei Sklerodermie

weisen. Es zeigte sich jedoch auch, daß auf Grund der biochemischen Untersuchungsergebnisse keine Diagnose gestellt werden kann. Die destruktiven-proliferativen oder entzündlichen Veränderungen spiegeln sich je nach Angriffsort am Bindegewebe im Urin wieder. Hierbei kann jedoch keine Unterscheidung zwischen malignen oder benignen degenerativen Veränderungen am Bindegewebe getroffen werden, ja, die Relationen können sich wie im Normalurin verhalten.

Daß es bei den Patienten mit generalisierten Plasmocytomherden nach einer Phosphor-32-Therapie zu einer vermehrten Ausscheidung von Hyaluronsäure im Urin und zu einem Abfall des Chondroitinsulfats kam, beweist lediglich den Einfluß der ionisierenden Strahlung nach Speicherung des radioaktiven Phosphors. Dieses Ergebnis sagt jedoch nichts über den Ort der Speicherung aus. Ob es sich hierbei um einen Tumoruntergang oder um eine Wirkung auf andere normale Organe und Gewebe handelt, kann nicht gesagt werden.

Der Untersuchung der sMPS im menschlichen Urin kommt also bei der Diagnose und Beurteilung von Bindegewebskrankheiten praktisch kein Wert zu; möglicherweise können jedoch therapeutische Einflüsse auf die bekannte Grundkrankheit im Sinne einer Verlaufskontrolle durch die Urinuntersuchung der sMPS relativ einfach verfolgt werden. Weitere Untersuchungen über den Stoffwechsel, die Halbwertzeit, den Umsatz und die Ausscheidung der sMPS im Urin mit Isotopen könnten hier weitere Erkenntnisse vermitteln. Diesbezügliche Untersuchungsmöglichkeiten standen uns jedoch leider nicht zur Verfügung.

VIII. Klinische Beobachtungen über die Strahlenreaktion am Bindegewebe und ihre Beeinflussung durch eine spezifische Zusatztherapie

Wie bereits anfangs erwähnt, haben zahlreiche Strahlentherapeuten vom Beginn der Anwendung ionisierender Strahlen in der Tumorbehandlung versucht, die Wirkung dieser Strahlen auf die Tumorzellen durch Einflußnahme auf die biologische Situation im Bereiche des Tumors und seiner Umgebung zu steigern.

Neben der Variation der Bestrahlungsmethode durch Anwendung der Fraktionierung bzw. Protrahierung oder der Verabreichung unterschiedlich hoher Einzeldosen, der Steigerung des Sauerstoffpartialdruckes oder einer Verminderung der Strahlensensibilität des gesunden Umgebungsgewebes durch Anämisierung bzw. Gabe sensibilisierender Pharmaka für die Tumorzellen, wurde als ein entscheidender Faktor die Reaktion des Gefäßbindegewebssubstrates sowohl im Bereiche des Tumorstromas als auch im Bereiche des Tumorbettes erkannt. Diese grundlegenden Untersuchungen und wissenschaftlichen Bemühungen im Bereiche der klinischen Strahlentherapie als auch der Strahlenbiologie, sind mit vielen Namen aus dem Anfang der radiotherapeutischen Aera verbunden; sie ziehen sich wie ein roter Faden bis zur heutigen Zeit. Es seien hier nur Freund, Rost, Miescher, Coutard, Baclesse, Schinz, Meyer, Holthusen, Holfelder u. v. a. genannt. Eine ausgezeichnete Darstellung dieses wichtigen Gebietes der klinischen Strahlenbiologie findet sich in Band I und II der „Clinical Radiation Pathology“ von Rubin u. Casarett. Rubin u. Casarett haben sich in den letzten

Jahren besonders den Veränderungen am Gefäßbindegewebssystem, sowohl im Bereiche des periblastomatösen Normalgewebes als auch im Tumorstroma selbst, zugewendet.

Sie haben die verschiedenen Formen der Tumorvascularisation und Mikrozirkulation untersucht, die Veränderungen während der Tumorregression an diesem Tumorstroma und der Zirkulation beobachtet und letzten Endes feststellen können, daß das Ausmaß der strahlenbedingten Gefäßveränderungen in einer direkten Relation zur strahlenbedingten Narbenbildung im Bereiche des gesunden Gewebes und auch zur Strahlensensibilität und Regression des Tumorgewebes steht. Sie fanden außerdem, daß entscheidende Faktoren, die diese Gefäßveränderungen und damit den Grad der Bindegewebsdegeneration und Narbenbildung bewirken, Einzeldosis und Fraktionierungsschema sind. Sie konnten in ausgedehnten mikroangiographischen und histologischen Untersuchungen zeigen, daß es durch eine niederdosierte fraktionierte Therapie mit Regression des Tumors bei geringgradiger Schädigung des gefäßhaltigen Stromas zu einer Hypervascularisation des Resttumors und damit zu einer Steigerung der Sensibilität durch bessere Sauerstoffversorgung kommt, wohingegen bei höherer Einzeldosis durch Schädigung der Mikrozirkulation eine schlechtere Rückbildung erzielt wurde als bei dem typischen Fraktionierungsschema. Durch die Strahlenwirkung kommt es zunächst am Kapillarsystem zu einer Schädigung des Endothels mit entzündlicher Reaktion, folgender Hyperämie und Kongestion, hierdurch zu gesteigerter Permeabilität, perivasculärem und interstitiellem Ödem und Infiltration durch Leukocyten, Erythrocyten, d. h. kleinen bzw. flächigen Hämorrhagien. Kommt es im Anschluß daran zu einer völligen Obliteration durch Endothelproliferation und Fibrosierung der Gefäße, kann der Resttumor infolge einer Ischämie nekrotisieren und dadurch die völlige Tumorelimination zustandekommen. Als Resultat der perivasculären und subendothelialen ödematösen Phase am Capillarsystem nach Einwirkung ionisierender Strahlen kann es zu einer gesteigerten Aktivität von Fibroblasten kommen mit dem Endresultat einer vermehrten fibrillären Dichte und einer später sklerotischen Narbe. Diese fibrotische Strahlennarbe kann im Laufe der Jahre noch zunehmen und selbst größere Gefäße deutlich einengen oder völlig obliterieren. Man kann also feststellen, daß die arteriolo-capilläre Fibrose verschiedenen Ausmaßes abhängig ist von der Strahlendosis und ihrer Applikationsform, und daß dieses Geschehen einen deutlichen Einfluß auf den weiteren Ablauf und den Grad der narbig-fibrotischen Reaktion im Bereiche des Tumorbettes oder des Tumors selbst nimmt.

Je nach Ausmaß dieser radiologischen Gefäß- und Bindegewebsschädigung kommt es in Abhängigkeit vom betroffenen Organ unter Umständen zu einem völligen Funktionsausfall auf Grund der progredienten Fibrosierung, zu Ernährungsstörung und Untergang der spezifischen Organzellen, wie z. B. an der Niere als radiogen bedingte Nephrosklerose oder am Knorpel als Knorpelnekrose oder am Unterhautbindegewebe als derbe Strahlennarbenplatte. Im Laufe der weiteren Progredienz dieser fibrotischen Umwandlungen kann es auf Grund der Ernährungsstörung zu Defekten und Ulcerationen der Haut, Radionekrosen am Knochen und, wie erwähnt, am Knorpel kommen, die absolut in Relation zur Einzeldosis, Fraktionierung und Gesamtdosis stehen.

Auch Klemm konnte in neueren Untersuchungen an der Kaninchenohrkammer während Filmbeobachtung nachweisen, daß diese Gefäßwirkung der ionisierenden Strahlen im Sinne der Permeabilitätssteigerung im Anfang deutlich beeinflußbar ist, weshalb spezifisch permeabilitätsmindernde Pharmaka, wie bestimmte Flavonoide, in der Klinik als Zusatztherapie bei der Strahlenbehandlung eingesetzt wurden. Über die Wirkung von Cortison und seinen Derivaten sowie von Phenylbutazon in der Strahlenklinik haben zahlreiche Autoren und wir selbst an anderer Stelle berichtet. Es sei hier auf unser Buch „Einführung in die klinische Strahlenbiologie" wie auch auf die Publikation von Becker, Kärcher u. Kleibl hingewiesen. Der Einsatz von Prednison bzw. Prednisolon oder Phenylbutazon während der Strahlentherapie hat zwei entscheidende Nachteile: Bei den Cortisonderivaten muß zur Dämpfung einer strahlenbedingten Reaktion an Schleimhaut, Gefäß- und Bindegewebe eine relativ hohe Dosis vom Anfang der Bestrahlung bis zum Ende derselben durchgehalten werden. Diese Dosierung zwischen 50–100 mg pro die verbietet sich aus mehrerlei Gründen. Einmal kann es zur Blutung von gastrointestinalen Ulcera kommen bzw. zur Entstehung solcher Ulcerationen. Weiterhin kann ein latenter Diabetes manifest werden bzw. ein manifester Diabetes entgleisen. Die Infektabwehr sowie die immunologische Situation kann entscheidend verschlechtert werden, und letzten Endes können Perforationen an bestrahlten Hohlorganen, insbesondere im Bereiche des Oesophagus und des Intestinums begünstigt werden. Letzten Endes kann es bei einer solch langen Verabreichung zur Steroidacne oder cushingartigen Bildern kommen. Hier muß man sagen, daß Nebenwirkungen und Gefahren in keiner Relation zum Nutzen stehen. Einsatz und Wirkung in vertretbaren Dosen im Rahmen der allgemeinen Carcinombehandlung seien hierbei nicht diskutiert. Die Steroide haben hier sicher ihren absoluten Wert und ihren Platz im therapeutischen Rüstzeug des Onkologen. Bei dem ebenfalls stark antiphlogistisch wirksamen Phenylbutazon und seinen Metaboliten ist die knochenmarkdepressive Wirkung nicht zu vernachlässigen. Durch die bereits bestehende Rückwirkung von Tumorabbau und Strahlenwirkung auf das Knochenmark kann es bei zusätzlich längerer hochdosierter Verabreichung von Phenylbutazon zu einer weiteren Depression der Knochenmarksfunktion kommen, die insgesamt im Rahmen der Strahlentherapie unerwünscht ist. Es ist daher nur eine kurzdauernde Anwendung bei relativ hoher Dosis vertretbar. Hier fanden wir Phenylbutazon wirksamer als Oxyphenylbutazon, wobei die Nebenwirkungen von Phenylbutazon stärker waren als die des Oxyphenylbutazon. Eine Erklärung für diese Tatsache ist durch pharmakologische oder toxikologische Untersuchungen und Überlegungen bisher nicht möglich gewesen. Oxyphenylbutazon ist wesentlich weniger mit der Nebenwirkungen behaftet als Phenylbutazon, muß aber, um eine Wirkung zu erzielen, auch wesentlich höher dosiert werden. Im übrigen waren unsere klinischen Untersuchungen mit Phenylbutazon hinsichtlich der Dämpfung der Strahlenreaktion wenig überzeugend im Gegensatz zu den von Hellriegl mitgeteilten Ergebnissen.

Das praktisch atoxische und sehr hoch dosierbare Flavonoid HR ist wegen seiner hochgradigen Wasserlöslichkeit gut resorbierbar im Gastrointestinaltrakt und ebenso hoch dosierbar intravenös und intramuskulär zu verabreichen. In ausgedehnten klinischen Untersuchungsreihen fanden wir eine optimale Wirkdosis während der gesamten Strahlentherapie von 1 g pro die.

Klemm sowie Kärcher u. Schenk, Harms, Kärcher u. Kleinert, als auch Scheidel u. Taubmann fanden klinisch, teils an Paralleluntersuchungsreihen, die deutliche Wirkung von HR auf die Strahlenreaktion an der Schleimhaut bzw. am Gefäßbindegewebsapparat. Als besonders günstige Patientengruppe zu dieser Testung haben sich Fälle mit Tumoren im Hals-, Nasen-, Ohrenbereich, Oesophagus, Blase und Rectum erwiesen. Bei einer täglichen Einzeldosis von 250 bis 300 R, täglicher Fraktionierung und Gesamtherddosis von 6000 R, wurde der Hälfte der Patienten HR in Form von Kapseln, wenn eine orale Aufnahme möglich war, sonst in Form intravenöser oder intramuskulärer Injektionen über die gesamte Zeit der Bestrahlung zugeführt. Die Dosis betrug hierbei 3 mal 300 mg peroral bzw. 1 g intravenös oder intramusculär. Die Verträglichkeit war bis auf ganz wenige Fälle ausgezeichnet. Gelegentliche Unverträglichkeit fand sich nur bei peroraler Applikation in Form von Völlegefühl, Aufstoßen oder auch Sodbrennen, die in ganz vereinzelten Fällen zur Umstellung des peroralen Applikationsmodus auf den intramusculären zwang. Durch diese Medikation von HR, die bereits am 1. Tag der Bestrahlung, möglicherweise schon am Tag vor der 1. Bestrahlung, begonnen wurde und bis zur letzten Bestrahlung oder einige Tage länger durchgehalten wurde, kam es vor allem bei Patienten mit Larynxcarcinom oder Tonsillen-, Zungen- oder Strumatumoren nicht zu einer Unterbrechung oder Absetzung des Bestrahlung. Die Nahrungsaufnahme war praktisch über die gesamte Bestrahlungszeit im wesentlichen ungestört. Leichte Erscheinungen wie Brennen oder Globusgefühl konnten durch zusätzliche Spülungen mit indifferenten Lösungen im wesentlichen beherrscht werden. Bei Bestrahlung von Rectum- oder Blasentumoren war die Miktion oder Defäkation über die gesamte Bestrahlungszeit im wesentlichen ungestört und ohne größere Beschwerden möglich. Diese Kriterien der Schleimhautreaktion am Digestions- oder Urogenitaltrakt sind besonders günstige Testobjekte für die Wirksamkeit eines Pharmakons auf die Strahlenreaktion.

Nach den experimentellen Ergebnissen unserer in-vitro-Untersuchungen ist der Wirkungsmechanismus bzw. Angriffsort des HR am Molekül der sauren Mucopolysaccharide, insbesondere der Hyaluronsäure, zu suchen. HR übt eine Schutzfunktion auf die sauren Mucopolysaccharide aus, die in einer Radikalneutralisierung zu suchen sein dürfte. Die zweite, besonders wichtige Wirkung des HR liegt offensichtlich in der Beeinflussung der Atmungskette oder oxydativen Phosphorylierung, wie durch die eindrucksvollen Ergebnisse von Fritz-Niggli bewiesen werden konnte. Der Wirkungsmechanismus der Cortisonderivate bzw. des Phenylbutazon im Sinne der Entzündungsdämpfung oder Proliferationshemmung liegt offensichtlich in einer andersartigen Einwirkung auf die Stoffwechselaktivität von Fibrocyten, Mastzellen und anderen Bindegewebselementen oder die Fibrillogenese, den Fermentstoffwechsel und andere Faktoren des Bindegewebes. Für die Strahlenreaktion am Bindegewebe jedoch von entscheidender Bedeutung ist, wie wir ausgeführt haben, die Einwirkung des benutzten Pharmakons auf die Gefäßveränderung nach Einwirkung der ionisierenden Strahlung und die dadurch ausgelöste Wechselwirkung mit Bindegewebe und Grundsubstanz. Die Gefäßreaktion und die dadurch ausgelöste Kettenreaktion am Bindegewebssubstrat und der Grundsubstanz läßt sich mit Untersuchungen an den Bindegewebsbausteinen, insbesondere den sauren Mucopolysacchariden sowie ihren Bruchstücken, im Experiment als auch in der klinischen Verlaufskontrolle objektivieren und realisieren. Die experimentellen Untersuchungen haben zahlreiche Hinweise gegeben, die die klinischen Erfahrungen bestätigen und besonders bei der Auswahl der Zusatztherapie wichtige Aufschlüsse über den Wirkungsmechanismus und die Richtigkeit des Einsatzes solcher Substanzen geliefert.

IX. Diskussion der Ergebnisse

Die klinischen Beobachtungen wie die histochemischen Untersuchungen von Kärcher über die Wechselbeziehungen von Geschwulstwachstum und Wirkung ionisierender Strahlung auf das Bindegewebe regte den Mitarbeiterkeis zu einer Zahl spezieller Arbeiten über die lokale und humorale Reaktion des Bindegewebschemismus bei diesen Situationen an. So hat Müller den Einfluß von Tumorwachstum und Operationstrauma auf das Verhalten der Hexosen und Hexosamine im Rattenserum untersucht. Kopfermann beobachtete elektrophoretisch die Veränderungen der Gewebsmucopolysaccharide von Gewebshomogenaten der Ratte nach Ganzkörperbestrahlung, während Hallermann biochemisch-analytische Bestimmungen des Gehaltes der Schweinehaut an sauren Mucopolysacchariden nach Einwirkung ionisierender Strahlen durchführte. Staff und Hansen führten gleichsinnige Untersuchungen am Kehlkopf- und Trachealknorpel des Kaninchens und Poeplau an der Rattenlunge durch. Hierbei wurde auch der Einfluß von Flavonoiden, Steroiden und Phenylbutazon auf die reaktive Strahlenpneumonie studiert. Wiebking prüfte, ob die Urinausscheidung der sMPS bei Tumorkrankheiten oder benignen Erkrankungen des Bindegewebes Besonderheiten erkennen lasse. Busse, Schröter und Stauch verfolgten das Verhalten der Serumaminozucker (Hexosen, Hexosamine, Seromucoide und Fucose) bei verschiedenen Tumorkrankheiten parallel zur Ausbreitung bzw. der durchgeführten Therapie, wie Operation oder Strahlentherapie. Die histochemischen Befunde stimmten insofern weitgehend mit den biochemisch-analytischen überein, als die Bestrahlung zu einer Depolymerisierung und Abnahme der sauren Mucopolysaccharide im Normalgewebe führt, der eine kurzzeitige Zunahme, erneuter Abfall und später Normalisierung oder überschießende Synthese folgt. Es handelt sich also, wie bei fast allen strahlenbedingten Reaktionen des Warmblüterorganismus, um wellenförmig ablaufende Phänomene. Hierfür sind Änderungen der Zellmembranpermeabilität, Fermentblockaden, Synthesehemmung oder Aktivierung abbauender Fermente verantwortlich zu machen. Über den genauen Mechanismus und Ablauf ist man sich jedoch im einzelnen noch im unklaren. Verstärkt wird diese Strahlenwirkung bei gleichzeitiger Einwirkung hyperbaren Sauerstoffes. Die Reaktion des periblastomatösen Bindegewebes auf das Tumorwachstum und die im Serum feststellbaren oder fehlenden Veränderungen der Spiegel verschiedener Aminozucker scheinen ein unspezifisches Phänomen zu sein. Ob es sich hier um Einschwemmung von Bruchstücken depolymerisierter MPS handelt oder eine von tumorbedingter Dysproteinämie angeregte Mehrproduktion von Aminozuckern, kann noch nicht sicher beantwortet werden. So führt Tumorwachstum zum Anstieg der Hexosen und Hexosamine und operative Tumorentfernung zu einer Normalisierung der Werte. Andererseits kann man das gleiche Verhalten der Aminozucker nach operativer Durchtrennung der Normalhaut beobachten. Trotzdem ist die Untersuchung der Aminozucker im

Verlauf und bei Operation wie bei Bestrahlung von Geschwulstkrankheiten als Verlaufskontrolle von Bedeutung. Dies bestätigen die Befunde von Busse, der eine vom Tumorstadium abhängige Höhe der Aminozuckerwerte (TNM-System) nachweisen und den Einfluß der Operation zeigen konnte. Auch bei Versagen oder gutem Erfolg der Strahlentherapie kam es zu Verschlechterung oder Normalisierung der Werte (Stauch und Schröter).

Die Komplexität und Schwierigkeit in der Beurteilung der Befunde biochemischer Analysen in Serum und Urin bezüglich des Verhaltens der Aminozucker und MPS zeigen die Arbeiten von Stauch und Wiebking. So kommt es bei Patienten mit einer Lymphangiosis carcinomatosa pulmonis zu einer sehr deutlichen Erhöhung der Hexosen, weniger stark der Hexosamine. Bei der therapeutisch verursachten Strahlenpneumonie ist dasselbe Muster in stärkerem Maße vorhanden, während bei der fibrotischen Umwandlung der Strahlenreaktion Hexosen und Hexosamine in gleichem Maße mäßig vermehrt sind. Es zeigt sich hierdurch, daß diese Untersuchungen nur Ergänzungen des Röntgenbildes sein können und ihr Wert besonders in der Verlaufsuntersuchung besteht. Im Urin z. B. findet man zwischen chondroplastischem Sarkom und osteogenem Sarkom genau gegensinnige Ausscheidungsbefunde. Einmal überwiegt die Hyaluronsäure, einmal Chondroitinsulfat. Aber diagnostisch ist auch solch ein Befund nur im Zusammenhang mit dem Röntgenbild verwertbar. Dies zeigt sich am Beispiel der Sklerodermie, die eine noch pathologischere Ausscheidung von Hyaluronsäure hat als der maligne Knochentumor. Lediglich bei Verlaufskontrollen kann aus der zunehmenden oder abnehmenden Ausscheidung der MPS auf Progression oder Regression geschlossen werden, und auf diesem Sektor könnte diese Untersuchung ihren Wert besitzen. Neben der Bedeutung der Verlaufskontrolle des Tumorwachstums, des Einflusses der Tumorentfernung oder der Beurteilung des Erfolges der Strahlentherapie interessierte jedoch auch, ob die Wirkung von antiphlogistisch wirkenden Pharmaka, die z. B. in der Rheumatherapie oder bei Permeabilitätsstörungen der Gefäße eingesetzt werden, in der Strahlenreaktion des Bindegewebes objektiviert werden kann. Weigold gelang es, im Serum mit Hilfe der Spiegel der Hexosen und Hexosamine ein gesetzmäßiges Verhalten nachzuweisen, welches in Übereinstimmung mit dem Verhalten der Hexosamine im Lungengewebe stand.

Poeplau verfolgte histologisch die Veränderungen am Lungengewebe im Vergleich zum Hexosaminspiegel. Die biochemischen Befunde ließen sich gut auf die histologischen Veränderungen projizieren. In beiden Versuchsreihen konnte bei Anwendung von Flavonoid, Steroid und Phenylbutazon ein geringer, jedoch zu sichernder Einfluß entweder auf die akute Phase oder die proliferative Phase der Strahlenreaktion der Lunge beobachtet werden. Das Flavonoid HR dämpfte mehr die akuten Gefäßreaktionen, weniger die proliferativ-fibrotischen Vorgänge, wogegen Phenylbutazon und Prednison weniger in der akuten Phase wirken, sondern die Fibrose mindern. Bei Prednison kommt es in der akuten Phase vermehrt zu Blutungen, Atelektasen und Nekrosen, wobei histologisch das Flavonoid und Phenylbutazon auch bei den Spätveränderungen besser abschneiden als Prednison. Hier geben die histologisch-histochemischen Untersuchungen einen besseren Aufschluß über das Ausmaß der Destruktion und Reparation sowie die Funktion des Organs. Die biochemische Analyse weist jedoch darauf hin, in welchem Teil des ablaufenden Geschehens das Pharmakon eingreift. Da das Flavonoid nicht die immunologischen Vorgänge supprimiert, sondern eher physiologisch in die Entzündung, anfänglich in positivem Sinne, eingreift, kann es zu einer in Grenzen gehaltenen Reparation kommen, da Abscedierungen, Nekrosen usw. weitgehend fehlen. Ähnliches gilt für das Phenylbutazon. Beim Prednison zeigt die biochemische Analyse zum Zeitpunkt der akuten Reaktion einen deutlichen Hexosamingipfel, der wohl kongruent mit Blutungen, Infekten, Eiterungen und den daraus resultierenden carnifizierenden Atelektasen geht. Wenn auch die proliferationshemmende Wirkung des Steroids sich nachweisen läßt, so kann doch durch die starken Gewebsveränderungen bei der akuten Reaktion eine schleimig-cystische Umwandlung der Lunge nicht verhindert werden, die den Eindruck einer destroyed lung mit mangelhafter Funktion hinterläßt.

Resümiert man die von unserem Arbeitskreis vorgelegten Ergebnisse auf dem Gebiet der Bindegewebsforschung in der Tumor- und Strahlenklinik, so kann man zu dem Schluß kommen, daß die histochemische und biochemische Verlaufskontrolle der Reaktion von Tumor, Normalgewebe und Patient eine neue mehrdimensionale Betrachtungsweise der ablaufenden Reaktionen ermöglicht, als dies bisher der Fall war. Wenn auch die Wechselwirkung zahlreicher äußerer und innerer Ursachen mit dem Organismus eine erhebliche Unspezifität dieser Untersuchungen ergibt, so ist doch die Verlaufskontrolle und richtige Einordnung in den klinischen Befund eine sehr wertvolle Ergänzung des Gesamtbildes für den behandelnden Strahlenkliniker. Es ist zu erwarten, daß die Untersuchung der sMPS im Gewebe oder der Aminozucker im Serum bzw. der sMPS im Urin bei Anwendung verschiedener Strahlenarten und Dosierungen unter Zuhilfenahme der S 35-Einbauratenbestimmung, d. h. des Chondroitinstoffwechsels, ein neues und wichtiges Forschungsgebiet für die klinische Strahlenbiologie darstellt, so wie dies in der Bindegewebsforschung zahlreicher Erkrankungen bereits der Fall ist. Auch der Einfluß von pharmakodynamisch wirkenden Substanzen auf den Bindegewebsstoffwechsel nach Anwendung ionisierender Strahlen dürfte hiermit möglich und von größtem Interesse sein. Unsere bisher erzielten Ergebnisse geben uns die Berechtigung zu dieser Annahme.

X. Zusammenfassung

Es wird über histochemische und biochemisch-analytische Untersuchungen der sMPS wie anderer MPS in Serum, Urin und Gewebe bei Einwirkung ionisierender Strahlen auf Normalgewebe, Tumor und umgebendes Bindegewebe berichtet. Die Serum- und Urinspiegel der sMPS und MPS bei Tumorpatienten vor und während der Strahlentherapie werden verfolgt und hieraus Schlüsse auf den Stand und Verlauf der Erkrankung gezogen. Trotz der Unspezifität der Einzelbestimmung wird die Bedeutung einer Verlaufskontrolle während der operativen oder radiologischen Behandlung von Geschwülsten herausgestellt. Es kann gezeigt werden, daß mit Hilfe der biochemischen Bestimmung der MPS in Serum und Gewebe die Wirkung antiphlogistischer Pharmaka wie Phenylbutazon, Prednisolon bzw. Prednison und O-(β-Hydroxyaethyl)-rutosid (HR) zeitlich verfolgt und nachgewiesen werden kann. Abschließend wird auf die Bedeutung der Bindegewebsforschung in der klinischen Strahlenbiologie hingewiesen.

Literatur

Aboulkhair, E. S.: Untersuchungen über die Strahlenschutzwirkung von Trihydroxyaethylrutosidum (THR) bei Tele-Caesium-Bestrahlung der Lunge und Kehlkopf-Schleimhaut des Kaninchens. Dissertation Heidelberg 1966.

Alexander, P., Bacq, Z. M.: Fundamentals of radiobiology. Completely Revised Second Edition. Oxford-London-New York-Paris: Pergamon Press 1963.

Antonopoulos, C. A., Gardell, S., Hammström, B.: Zit. aus Hallermann: J. Atherosclerot. Res. **5**, 9 (1965).

Armbruster, R.: Dimethylsulfoxyd als Therapeutikum einer Strahlendermatitis und als Strahlenschutzsubstanz. Dissertation Heidelberg 1966.

Asboe-Hansen, G.: In: Connective Tissue, C.I.O.M.S. Symposium (R. E. Tunbridge ed.), Vol. 12, Oxford: Blackwell 1957.

Astrup, P.: On the determination of heparin in blood plasma and Urin. Acta Pharmacol. Toxicol. (Kbh.) **3**, 165 (1947).

Bauer, K. H.: Das Krebsproblem 2. Aufl., S. 300. Berlin-Göttingen-Heidelberg: Springer 1963.

Becker, J., Ebner, H. J., Kärcher, K. H.: Neue Möglichkeiten zum Studium der klinischen Strahlenwirkung. Strahlentherapie **109**, 357 (1959).

— Schubert, G.: Die Supervolttherapie. Stuttgart: Thieme 1961.

Berenson, G. S., Dalferes, Jr., E. R.: Urinary secretion of Mucopolysaccharides in normal individuals in the Marfan Syndrom. Biochim. Biophys. Acta **101**, 183 (1965).

Blumberg, B. S., Ogston, A. G.: Biochem. J. **66**, 342 (1957) zit. aus Staff R.: Untersuchungen über die Änderung des Gehaltes an sMPS im Kehlkopf und Trachealknorpel des Kaninchens nach Einwirkung ionisierender Strahlen. Dissertation Heidelberg 1968.

Böhm, K.: Die Flavonoide. Eine Übersicht über die Physiologie, Pharmakodynamik und therapeutische Verwendung. Aulendorf: Editio Cantor KG 1967.

Boström, H.: Einige Aspekte zum Metabolismus der Mucopolysaccharide. In: Struktur und Stoffwechsel des Bindegewebes. Hrsg. Hauss, W. H. und Losse, H. 11. Symp. Med. Univ. Klin., Münster. Stuttgart: Thieme 1960.

Braun, H.: Zur Strahlenwirkung an Darmkapillaren und ihre Beeinflussung durch O-(β-Hydroxyaethyl)-rutosid (HR). Strahlentherapie (im Druck).

Brandstätor, H. G.: Muskeldurchblutungsmessungen an den unteren Extremitäten bei Patientinen mit bestrahlten Uteruskarcinomen mit Hilfe der 133-Xe-Clearance-Methode vor und nach Therapie mit Venoruton 300. Dissertation München 1969.

Van den Brenk, Richter, W., Murley, R. H.: Radiosensivity of the human oxygenated cervical spinal cord based on analysis of 357 cases receiving 4 MeV X-rays in hyperbaric oxygen. Brit. J. Radiol. **41**, 205—214 (1968).

Brimacombe, J. S., Webber, J. M.: Mucopolysaccharides. Amsterdam-London-New York: Elsevier Publishing Company 1964.

Buddecke, E., Drzeniek, R.: Z. Physiol. Chem. **327**, 49 (1962).

Busse, H. P.: Gehalt der Serum-Aminozucker bei verschiedenen malignen Erkrankungen. Dissertation Heidelberg 1968.

Van Caneghem, P., Dunjic, P., Stein, F., Pesesse, M. P.: Action du trihydroxyéthylrutoside sur les réactions inflammatoires. Path. europ. **2**, 118—123 (1967).

Churchill-Davidson, I.: High-pressure oxygen and radiotherapy Anglo-German med. Review **2**, 518—523 (1964).

Clausen, J., Dyggve, H. V., Melchior, J. C.: Mucopolysaccharidosis. Paper electrophoresis and infra-red analysis of the urine in gargoylism and Marquio-Ullrich's disease. Arch. Dis. Childh. **38**, 364 (1963).

Cramer, W., Simpson, W. L.: Cancer Res. **4**, 601 (1944).

Delaunay, A., Bazin, S.: Mucopolysaccharides, collagen and nonfibrillar proteins in the field of inflammation. In: Int. Rev. of Conn. Tiss. Res. Vol. I, 301—318. New York—London: Academic Press 1963.

— — Mucopolysaccharides, collagen and nonfibrillar proteins in inflammation. In: Internat. Rev. Connec. Tiss. Res. **2**, 301—325 (1964).

Delbrück, A., Grimme, H., Wette, K.: Zur Ausscheidung saurer Mucopolysaccharide im Harn. II. Mitteilung. Z. klin. Chem. klin. Biochem. **5**, 10—20 (1967).

Demole, V.: Vergleichende Toxizität von Trihydroxyaethylrutin und Hesperidin-Methylchalkon. Helv. Physiol. Acta **16**, 58—60 (1958).

Di Ferrante, N.: Urinary excretion of acid mucopolysaccharides by patients with rheumatoid arthritis. J. Clin. Invest. **36**, 1516 (1957).

Dische, Z.: A new specific color reaction of hexuronic ascids. J. Biol. Chem. **167**, 189 (1947).

Dittrich, W., Stuhlmann, H.: Wachstumshemmung des Ehrlich-Carcinoms der Maus in vivo durch Röntgenbestrahlung unter verschiedenen Sauerstoffpartialdrucken. Naturwissenschaften **41**, 122 (1954).

Eger, W. Gregl, A.: Die Strahlenpneumonitis. Stuttgart: Hippokrates 1965.

Ehrlich, P., Schallock, G., Sylven, B.: Zit. aus Kärcher, K. H.: Einführung in die klinisch-experimentelle Radiologie. München-Berlin: Urban & Schwarzenberg 1964.

Eichhorn, H. J., Mateev, B.: Über die Häufigkeit von Strahlenfibrosen im gesunden Lungengewebe nach intensiver Strahlentherapie beim Bronchialcarcinom. In: Fortschritt. Röntgenstrahlen Beiheft zu Bd. **98**, 35—36 (1963).

Elson, L. A., Morgan, W. T. J.: Biochem. J. **27**, 1824 (1933).

Engelstad, R. B.: Über die Wirkung der Röntgenstrahlen auf die Lunge. Acta Radiol. **19**, 94 (1934).

Everson Pearse, A. G.: Histochemistry. Theoretical and applied. London: J. & A. Churchill Ltd. 1960.

Fisher, E. R.: Tissue mast cells. J. Amer. med. Ass. **173**, 171 (1960)

Freund, L, Rost, G. A., Miescher, G., Coutard, H., Baclesse, F., Schinz, H. R., Meyer, E. G., Holfelder, H.: Zit. aus: Strahlentherapie von Hautkrankheiten. Handbuch der Haut- und Geschlechtskrankheiten, Band V/2. Hrsg. von A. Marchionini und C. G. Schirren. Berlin-Göttingen-Heidelberg: Springer 1959.

Fritz-Niggli, H.: Schutzwirkung von O-(β-Hydroxyaethyl)-rutosid gegen die strahleninduzierte Hemmung des Energiestoffwechsels. Praxis **57**, 180—183 (1958).

— Inhibited oxidative phosphorylation in rat liver mitochondria of congenitally jaundiced gunn rats and the protective action of hydroxyethylrutosides against bilirubininduced uncoupling. Medicina Experimentalis **18**, 239—246 (1968).

Gardell, S.: The analysis of mucopolysaccharides. In: J. K. Grant. The biochemistry of mucopolysaccharides of connective tissue. Biochemical Society Symposium. Vol. 20, p. 39 Cambridge: University Press 1961.

Gibian, H.: Mucopolysaccharide und Mucopolysaccharidasen. Wien, S. 93—103 Franz Deuticke 1959.

Glaubitt, D.: Der Stoffwechsel saurer Mucopolysaccharide bei Ratten nach einer Ganzkörperbestrahlung. Strahlentherapie **138**, 105—114 (1969).

Grant, J. K., Clark, F.: The biochemistry of mucopolysaccharides of connective tissue. Cambridge: University Press 1961.

Graumann, W., Neumann, K.: Handbuch der Histochemie, Band II, Polysaccharide 2. Teil. Stuttgart: Fischer 1964.

Gray, L. H., Deschner, E. E.: Influence of oxygen tension on X-ray induced chromosomal damage in Ehrlich ascites tumour cells irradiated in vitro and in vivo. Radiation Res. **11**, 115 (1959).

Guix Melcior, Jr., G.: Observaciones clinicas de los efectos del trihidroxiethilrutoxido sobre las reacciones mucosas y cutaneas consecutivas a las irradiacciones. Radiologia **51**, (1966).

Hallermann, T.: Biochemisch analytische Bestimmungen des Gehaltes der Schweinehaut an sauren Mucopolysacchariden nach Einwirkung ionisierender Strahlen. Dissertation Heidelberg 1967.

Hammersen, F. Möhring, E.: Der Feinbau der Endstrombahn beim Dextranödem und deren Beeinflussung durch HR. Fortschr. Med. **86**, 925—928 (1968). Dtsch. med. J. **21**, 472—478 (1970).

Hano, K., Matsui, S., Nishino, J.: Untersuchung über die geschwulsthemmende Wirkung verschiedener Aminozucker. Z. Krebsforsch. **65**, 425—433 (1963).

Hansen, T. H.: Die Veränderungen des Gehaltes der sauren Mukopolysaccharide im Knorpelgewebe nach Einwirkung ionisierender Strahlung unter hyperbarem Sauerstoff. Dissertation Heidelberg 1968.

Harms, I., Kärcher, K. H., Kleinert, H.: Über die Behandlung der Strahlenreaktion der Schleimhaut. Med. Welt **20**, 1125—1129 (1964).

Hauß, W. H., Junge-Hülsing, G.: Veränderungen des Bindegewebsstoffwechsels durch toxische, infektiöse und allergische Einflüsse. Z. Rheumaforsch. **20**, 161—173 (1961).

— — König, F.: Über das Vorkommen von Veränderungen des Mucopolysaccharidstoffwechsels in der Klinik. I. Klinische Beobachtungen zur unspezifischen Mesenchymreaktion. Med. Welt **45**, 2371—2377 (1962).

Hilz, H.: Zit. aus Struktur und Stoffwechsel des Bindegewebes. Hrsg. Hauß, W. H. und Losse, H. Stuttgart: Thieme 1960.

Heite, H. J.: Ein tierexperimentelles Modell zur quantitativen Prüfung von wundheilungsfördernden Substanzen. Arzneimittel-Forsch. **5**, 151—153 (1955).

Heremans, J. F., Vaerman, J. P., Beremans, M. T.: Acid mucopolysaccharides of normal urine. Nature (Lond.) **183**, 1606 (1959).

Holthusen, H.: Beiträge zur Biologie der Strahlenwirkung. Untersuchungen an Askarideneiern. Pflügers Arch. ges. Physiol. **187**, 1 (1921).

Johnson, R. E., Cooperman, H., Steckel, R. J.: Clinical method for evaluation of radiopotentialtion with oxygen inhalation: A preliminary note. Radiology 87, 128—129 (1966).

Johnson, R. J. R.: Gynecological cancer treated with cobalt under hyperbaric conditions. Front. Radiation Ther. Onc. **1**, 149—155. Basel-New York: Karger 1968.

Jolles, B.: Tissue reactivity, potentation of radiation effects and fractionation of dose. Exc. Med. Int. Congr. Series Nr. 105, Rome Sept. 1965.

— Harrison, R. G.: Enzymic processes in vascular permeability and fragility changes in the skin radiation reaction. 4th Europ. Conf. on Microcirc. Cambridge 1966a.

— — Perte et établissement de la sensibilité tissulaire aux radiations. Journal de Radiologie et d'Electrologie **47**, 546—554 (1966b).

— — Enzymic processes and vascular changes in the skin radiation reaction. 1966. Brit. J. Radiol. **39**, 12—18 (1966c).

— — Abstracts von Int. Conf. on Microcirc. Gothenburg 1968.

Junge-Hülsing, G., Hauß, W. H.: Über den Schwefeleinbau in normales und pathologisches Bindegewebe. In: Struktur und Stoffwechsel des Bindegewebes. 83—97. Stuttgart: Thieme 1960.

Kärcher, K.-H.: Prüfung der Strahlenschutzwirkung verschiedener Substanzen mit Hilfe enzymatischer und histochemischer Untersuchungen. Strahlentherapie **121**, 1 (1963a).

— Die Behandlung der allgemeinen und lokalen Strahlenreaktionen. Med. Monatsschrift. **6**, 351—554 (1963b).

— Strahlenpathologie der Zelle. Haut. Hrsg. E. Scherer und Stender, H. S., S. 317—332. Stuttgart: Thieme 1963c.

— Einführung in die klinisch-experimentelle Radiologie. München-Berlin: Urban & Schwarzenberg 1964.

— Histochemische und biochemische Untersuchungen der Reaktion von Bindegewebsbausteinen. Mucopolysaccharide — nach Einwirkung ionisierender Strahlen. Deutsch. Rö. Kongreß 1966 Teil B., Sonderband Strahlentherapie, Band 64, München: Urban & Schwarzenberg 1967.

— Die Bedeutung der biochemischen Untersuchungen der Bindegewebsbausteine während der Strahlentherapie I. und II. Strahlentherapie **129**, 80—94 (1966); **132**, 559—572 (1967).

— Kuttig, H., Becker, J., Morita, K.: Erste klinische und biologische Beobachtungen während der Strahlentherapie unter Sauerstoffüberdruck. Strahlentherapie **134**, 4, 482—494 (1967).

— Schenk, P.: Die Wirkung von Venoruton-Injektionen auf die Schleimhautreaktion während der Strahlentherapie. Therapiewoche **17**, 1747—1752 (1967).

Kaplan, D., Meyer, K.: The Fate of injected mucopolysaccharides. J. Clin. Invest. **41**, 743 (1962).

Kato, H. T., Kärcher, K. H.: Ergebnisse der strahlenklinischen Enzymologie. Nippon Acta Radiologica Tomus **24** Fasc. 4, 1964.

Kayser, H.: Cortisonderivate in Klinik und Praxis. Stuttgart: Thieme 1965.

Kerby, G. P.: The excretion of glucuronic acid and of acid mucopolysaccharides in normal human urine. J. Clin. Invest. **33**, 1168 (1954).

Klemm, J.: Ein Beitrag zur Behandlung der Haut- und Schleimhautreaktionen bei therapeutischer Teilkörperbestrahlung in der Megavolttherapie. Strahlentherapie **125**, 536—547 (1964).

— Der Einfluß schneller Elektronen auf die terminale Strombahn und der Schutzeffekt von Tri-(hydroxyaethyl)-rutosid (THR). Dtsch. Rö.-Kongreß 1967, Strahlentherapie Teil B, 382—384, 1967a. München: Urban & Schwarzenberg 1968.

— Alterations of the vessel wal in the capillary bed after irradiation with fast electrons. 4th European Conference on Microcirculation Cambridge 1966 in Bibl. anatomica **9**, 207 (1967b).

— Veränderungen der terminalen Strombahn unter der Einwirkung ionisierender Strahlen mit und ohne Tri-(hydroxyäthyl)-rutosid. Fortschr. Med. **85**, 7, 281—284 (1967c).

— Veränderungen der Kapillarendothelzelle unter dem Einfluß ionisierender Strahlen und mögliche Schutzwirkung von Trihydroxyaethylrutosidum. Strahlentherapie **134**, 32—44 (1967d).

— Veränderungen der Endstrombahn durch ionisierende Strahlen und die Schutzwirkung von Tri-(hydroxyaethyl)-rutosid. Zentralblatt Phlebologie **7**, 89 (1968a).

— Ionisierende Strahlen und terminale Strombahn. Fortschr. Med. **86**, 154—157 (1968b).

— Besitzt die 133-Xenon-Clearance-Methode zur Muskeldurchblutungsbestimmung klinische Routinereife? 5. Jahrestagung d. Gesellschaft f. Nuclearmedizin in Wien 21.—23. 9. 1967. Radionuklide in Kreislaufsforschung und Kreislaufdiagnostik. Stuttgart: Schattauer 1968c.

— Action of O-(β-Hydroxyethyl)-rutosides (HR) on peripheral circulatory disturbances of the lower extremities following radiotherapy of gynaecological tumors (Measurement of Peripheral Muscle clearance by means of 133 Xe). Clinical Evaluations Vortrag Rom, Mai 1968d.

— Mikrozirkulation der Haut und ionisierende Strahlen. Arch. Klin. exp. Dermatologie **237**, 377—381 (1970a).

— Besitzt O-(β-Hydroxyaethyl)-rutosid einen protektiven Effekt im bestrahlten und unbestrahlten Gewebe? Arzneim.-Forsch. **20**, 817—821 (1970b).

— Ludwig, H.: Extremitätendurchblutungsmessung mit 133 Xe bei bestrahlten gynäkologischen Patientinnen vor und nach Venorutontherapie. Deutscher Röntgenkongreß 1968. Stuttgart: Thieme 1969.

Kopfermann, R.: Elektrophoretische Darstellung der sauren Mucopolysaccharide aus Gewebshomogenaten der Ratte nach Ganzkörperbestrahlung. Dissertation Heidelberg 1966.

Krompecher, St.: Hypoxybiose und Mucopolysaccharid-Bildung in der Differenzierung und Pathologie der Gewebe sowie über den Zusammenhang zwischen Schilddrüsenfunktion und Mucopolysacchariden. Nova Acta Leopoldina **22**, 1—56 (1960).

Kuhn, R.: Über die biologische Bedeutung der Aminozucker, aus Struktur und Stoffwechsel des Bindegewebes. Hrsg. Hauß und Losse. Stuttgart: Thieme 1960.

Kuntz, E.: Die klinische Aktivitätsbeurteilung der Lungentuberkulose. Stuttgart: Thieme 1964.

Lindner, J.: Die Entzündung. In: Beeinflussung von Strahlenreaktionen durch entzündungshemmende Substanzen, S. 155—162. Basel-New York: Karger 1966a.

— Die unbeeinflußte und die beeinflußte Reaktion des parablastomatösen Bindegewebes auf die Infiltration maligner Tumoren. In: Beeinflussung von Strahlenreaktionen durch entzündungshemmende Substanzen. Int. Symp. Grächen, Wallis (1965), 1—24. Basel-New York: Karger 1969b.

— v. Schweinitz, H. A., Becker, K.: Über die geschwulsthemmende Wirkung von Grundsubstanzbestandteilen. II. Stoffwechseluntersuchungen. Klin. Wschr. **15**, 763—768 (1960).

Loewi, G.: J. Path. Bakt. **65**, 381 (1953).

Macbeth, R., Bekesi, A. L.: Plasma glycoprotein in malignant disease. Edmonton. Alta, Canada 88, 633 (1966).

Maier, K. H., Voggel, K.: Ein neues Trägermaterial für elektrophoretische Auftrennung. Z. anal. Chem. **196**, 257 (1962).

Maue, W.: Über den Einfluß von Trihydroxyaethylrutosidum auf die Strahlenreaktion der Leber hinsichtlich ihrer exkretorischen Funktion. Dissertation Freiburg/Br. 1967.

Meyer, K.: Struktur und Biologie der Polysaccharidsulfate im Bindegewebe. In: Struktur und Stoffwechsel des Bindegewebes. Hrsg. Hauß und Losse. Stuttgart: Thieme 1960.

— Grumbach, M., Linker, A., Hoffman, Ph.: Excretion of sulfated mucopolysaccharides in gargoylism (Hurler's Syndrome). Proc. Soc. exp. Biol. (N. Y.) **97**, 275 (1958).

Muir, H.: Chondroitin sulphated polysaccharides of connective tissue. Biochem. Soc. Symposion Nr. 20, 4. Clark, E. F. and Grant, J. K. Cambridge: University Press 1961.

— Chemistry and metabolism of connective tissue glycosaminoglycans (mucopolysaccharides). In: Internat. Review of Conn. Tiss. Res. Vol. II, 102—120. New York and London: Academic Press 1964.

Müller, W.: Der Einfluß von Tumorwachstum und Operationstrauma auf das Verhalten der Hexosen und Hexosamine im Rattenserum. Dissertation Heidelberg 1968.

Poeplau, P.: Histologische und biochemische Untersuchungen über die Wirkung von Trihydroxyaethyl-Rutosidum, Phenylbutazon und Prednisolon auf die Strahlenfibrose der Rattenlunge. Dissertation Heidelberg 1967.

Piller, S.: Veränderungen der proteingebundenen Polysaccharide des Serums Krebskranker vor und nach Strahlenbehandlung. Deutscher Röntgenkongreß 1967, Teil B, S. 360. München-Berlin-Wien: Urban & Schwarzenberg 1967.

Pischinger, A.: Über das vegetative Grundsystem. Phys. Med. Rehabil. **10**, 53—57 (1969).

Pließ, G., Franke, H. D.: Lokalwirkungen chemischer Strahlenschutzstoffe. Deutscher Röntgenkongreß 1965, Teil B (Sonderbände zur Strahlentherapie — Band 62). München-Berlin-Wien: Urban & Schwarzenberg 1966.

Postenrieder, I.: Untersuchungen über die medikamentöse Beeinflussung derWundheilungszeit. Dissertation München 1968.

Radouco-Thomas, S., Grumbach, P., Nosal, G. I., Radouco-Thomas, C.: Die entzündungswidrige Wirkung von THR, nachgewiesen an der Granulomtasche. Life Sci. **3**, 459—464 (1964).

Randall, L. O., Szent-Györgyi, A., Kühnau, A,. Küchmeister, H.: Zit. aus Die Flavonoide. Hrsg. von K. Böhm. Aulendorf: Editio Cantor 1967.

Rechenberger, J.: Die proteingebundenen Kohlenhydrate der Bluteiweißkörper nach akutem Blutverlust. Ärztl. Wschr. **13**, 370—374 (1958).

Rechenberg, H.-K. v.: Butazolidin. Stuttgart: Thieme 1961.

Rich, C., Meyers, W. P. L.: Excreation of acid mucopolysaccharides in the urine of patients with malignant neoplastic diseases. J. Lab. Clin. Med. **54**, 223 (1959).

Ringertz, N. R.: Glycosaminoglycans in mast-cells and in mast-cell tumors. New York — London: The Amino Sugars **2**, 209—215 (1965).

Rubin, P.: Atmospheric versus hyperbaric oxygen breathing in radiotherapy. Front. Radiation Ther. Onc. **1**, 46—70 (1968).

Rubin, Ph., Casarett, G. W.: Clinical radiation pathology. Vol. I und II. Philadelphia-London-Toronto: W. B. Saunders Co. 1968.

Runge, H., Ebner, H., Lindenschmidt, W.: Vorzüge der kombinierten Alcianblau-Perjodsäure-Schiff-Reaktion für die gynaekologische Histopathologie. Dtsch. Med. Wschr. **81** 1525 (1956).

Seng, P., Susuki, T., Weber, U., Voigt, K. D.: Zit. aus Hallermann. J. Atherosklerot. Res. **5**, 50 (1965).

Shetlar, M. R., Masters, Y. F.: Effect of age on polysaccharide-composition of cartilage. Proc. Soc. exp. Biol. (N. Y.) **90**, 31 (1955).

Sigmund, R.: Untersuchung verschiedener Substanzen auf ihre Strahlenschutzwirkung im Tierexperiment. Dissertation Heidelberg 1963.

Sixt, H., Spelsberg, F., Klemm, J., Meyer, A., Postenrieder, I.: Tierexperimentelle Untersuchungen zur Beeinflussung der Wundheilung. Arzneimittel-Forsch. **18**, 11, 1460 bis 1462 (1968).

Schäfer, W.: Enzymatische Untersuchungen im Serum bestrahlter Ratten unter Gabe von Tri-hydroxy-aethylrutosidum. Dissertation Heidelberg 1967.

Scheidel, A., Taubmann, W.: Über die Wirkung von Venoruton auf die akute Strahlenreaktion der Schleimhaut im doppelten Blindversuch. Bisher unveröff. Mitteilung.

Schikora, P.: Histologisch-histochemische Untersuchungen an verschiedenen Organen bestrahlter Ratten nach Verabreichung von HR. Dissertation Heidelberg 1967.

Schmid, K.: Methods for the isolation, purification and analysis of glycoprotein — a brief review. Chimica **10**, 321—344 (1964).

Schmidt, M.: Practionation of acid mucopolysaccharides on DEAE-sephadex anion exchanger. Biochem. Biophys. Acta **63**, 346 (1962).

Schmidt-Mathiessen, H.: Ein Beitrag zur Bewertung der histochemischen Nachweismethoden für saure Mucopolysaccharide. Acta histochem. **4**, 102 (1957).

Schröter, H.: Die Konzentration der Serum-Hexosen-Hexosamine und Seromucoide von Tumorpatienten und ihre Veränderungen während der Bestrahlung. Dissertation Heidelberg 1967.

v. Schweinitz, H. A., Lindner, J., Freytag, G.: Über die geschwulsthemmende Wirkung von Grundsubstanzbestandteilen (besonders von Glucosaminhydrochlorid). Klin. Wschr. **37** (1959).

Staff, R.: Untersuchungen über die Änderung des Gehaltes an sauren Mukopolysacchariden in Kehlkopf und Trachealknorpel des Kaninchens nach Einwirkung ionisierender Strahlen. Dissertation Heidelberg 1968.

Stauch, G.: Das Verhalten der Serum-Hexosen und Seromucoide bei malignen Tumoren während der Strahlentherapie und deren Bedeutung in der Beurteilung von Tumor- und Bindegewebskrankheiten. Dissertation Heidelberg 1967.

Stephen, S. H., Blund, J. W., Higgby, P., Kearin, S. M.: A probable acid mucopolysaccharides present in granulation tissue. Proc. Soc. exp. Biol. (N. Y.) **72**, 526—528 (1949).

Teller, W.: Die Ausscheidung saurer Mucopolysaccharide im menschlichen Harn. Mschr. Kinderheilk. **112**, 538 (1964).

Voß, H., Becker, K., Lindner, J.: Über die geschwulsthemmende Wirkung von Grundsubstanzbestandteilen. Z. Krebsforsch. **65**, 228—240 (1963).

Wagner, H.: Einfluß von Hormonen und Vitaminen auf das Bindegewebe. Z. Rheumaforsch. **27**, 3—12 (1968).

Weigold, W.: Der Einfluß der verschiedenen Antiphlogistika auf das Verhalten der Serum-Hexosen und Hexosamine nach Bestrahlung der Rattenlunge. Dissertation Heidelberg 1967.

Wiebking, E.: Die säulenchromatographische und elektrophoretische Trennung saurer Mukopolysaccharide aus Normalurin und Urin von Patienten mit malignen Erkrankungen Dissertation Heidelberg 1968.

Wildermuth, O.: Hybaroxic radiotherapy: some observations in the development of clinical application and technique. Amer. J. Roentgenol. **96**, 171—176 (1966).

Zollinger, A. V.: Radio-Histologie und Radio-Histopathologie. In: Handbuch der allgemeinen Pathologie. Bd. 10/1, 127. Berlin-Göttingen-Heidelberg: Springer 1960.

Zukerman, Z.: Experimentelle Untersuchungen über die Strahlenschutzwirkung von Trihydroxyaethyl-Rutosid (Venovuton P 4). Dermatologica **134**, 177—186 (1967).

Weitere Literaturhinweise und Einzelheiten über Methodik und Durchführung der Isolierung der sMPS finden sich in den angegebenen Standardwerken und Dissertationen.

C. Die Strahlentherapie von Lebertumoren und Lebermetastasen

I. Einleitung

Die Feststellung bzw. Kenntnis des Vorliegens einer Lebermetastasierung ist für die Art und das Ausmaß des therapeutischen Vorgehens bei Patienten mit malignen Tumoren von weittragender Bedeutung. So wird man bei der Diagnose von Lebermetastasen den Patienten supraradikale chirurgische oder radiotherapeutische Maßnahmen nicht zumuten, sondern das Ausmaß der therapeutischen Methodik auf notwendige palliative Maßnahmen beschränken. Hierdurch werden den Patienten ungerechtfertigte große Belastungen in diesem Stadium ihres Leidens erspart. Auf der anderen Seite ist es dem Fortschreiten der Chirurgie und Radiotherapie zu danken, daß bei primären Lebertumoren oder solitären Lebermetastasen teils curative, teils gute palliative Erfolge erzielt werden können. Eine subtile Leberdiagnostik, insbesondere die Möglichkeit der Lokalisation, ermöglicht aber erst solche therapeutischen Maßnahmen. Die Lokalisations- und Funktionsdiagnostik der Leber ist also Vorbedingung, bevor eine operative oder radiologische Maßnahme eingeleitet werden kann (Kärcher, Zum Winkel, Georgi).

Bei unserem klinischen Vorgehen wird die Fermentdiagnostik an den Anfang gestellt, weil dieses wenig eingreifende Verfahren als routinemäßiger Screeningtest bei Untersuchungen von Tumorpatienten obligat durchgeführt werden kann und spezielle Fermentmuster relativ frühzeitig Hinweise auf primäre Leber-, Pankreastumoren oder Metastasenleber geben, so daß dann die spezifische Lokalisationsdiagnostik mit Isotopen oder röntgenologischen Verfahren in Gang gesetzt werden kann.

Unsere eigenen Erfahrungen an vielen tausend Tumorpatienten haben zeigen können, daß man zahlreiche biochemische Untersuchungen wegen ihrer Unspezifität entbehren und daß die Treffsicherheit der Fermentuntersuchung durch andere Verfahren nicht mehr übertroffen werden kann. Auch nach den Erfahrungen von Kalk werden Leberfunktionsproben erst positiv, wenn 70–80 % des funktionstüchtigen Lebergewebes ausgefallen sind. Ebenso kann eine Bilirubinämie vermißt werden. Selbstverständlich steht am Anfang eine Untersuchung mit Anamnese, klinischer Inspektion und Palpation der Leber. Auch die Laparoskopie und die chirurgische Palpation während der Operation an der Leberoberfläche sollen nicht vergessen werden. Auf der anderen Seite muß man hier erwähnen, daß die Palpation als diagnostische Methode häufig versagen muß, wenn man berücksichtigt, daß eine Metastasenleber in 30 % aller obduzierten Krebskranken mit positivem Metastasenbefund nicht vergrößert ist. Ozarda u. Pickren, die auf Grund pathologisch-anatomischer Erhebungen bei 54 verstorbenen Carcinompatienten zu diesem Ergebnis kamen, teilen ferner mit, daß im gleichen Prozentsatz Metastasen nachzuweisen sind, deren Durchmesser kleiner als 2 cm ist. Die 1901 von Kelling entwickelte Laparoskopie gehört heute zum Rüstzeug der internistischen Leberdiagnostik. In Verbindung mit der gezielten Leberpunktion eignet sie sich sehr gut für den Nachweis und die Lokalisation oberflächlicher Lebertumoren. Berücksichtigt man aber die Tatsache, daß bei 15 % aller Metastasenlebern ausschließlich Metastasen im Innern des Organs vorhanden sind, so muß man annehmen, daß dieser Prozentsatz der chirurgischen Exploration und der Laparoskopie entgeht (Ozarda u. Pickren). Die 1951 von Cassen u. Mitarb. eingeführte Leberlokalisationsdiagnostik mit radioaktiven Isotopen beruht auf der Messung der Gammastrahlen radioaktiver Substanzen, die entweder das Parenchym passieren oder in Reticulumzellen fixiert werden. Die Leberszintigraphie als nuclearmedizinisches Verfahren ist heute eine gefahrlose Routinemethode in der Diagnostik der raumfordernden Leberprozesse geworden. Die Entwicklung der röntgenologischen Lebertumordiagnostik fand einen entscheidenden Auftrieb durch die Kathetertechnik zur selektiven Leberarteriographie. Bierman u. Mitarb. sowie Seldinger brachten durch die Einführung der Cöliakographie in der röntgenologischen Tumordiagnostik der Leber den entscheidenden Fortschritt. Die Lebervenographie und Splenoportographie sind mit größerem technischem Aufwand und Risiko verbunden und bleiben daher auf spezielle Indikationen beschränkt.

Geht man von der Tatsache aus, daß bei 30–50 % aller Neoplasmen, gleichgültig welcher Lokalisation, Lebermetastasen vorliegen oder nach Walther bei allen Stadien maligner Tumoren mit etwa 27 % Lebermetastasen gerechnet werden muß, so kann man die Bedeutung der frühzeitigen Feststellung der Lebermetastasierung ermessen. Diese Tatsache hat zu den vielseitigen Bemühungen der Frühdiagnostik auf biochemischem, röntgenologischem und nuclearmedizinischem Gebiet geführt, und man kann sagen, daß die technische Entwicklung und die biochemischen Erkenntnisse dazu beigetragen haben, in einer Großzahl der Fälle die Existenz von Lebermetastasen frühzeitiger zu erkennen und zu lokalisieren. Nach Maxwell ist es hierbei nicht erforderlich, eine große Zahl biochemischer Untersuchungen durchzuführen, sondern vielmehr ein sinnvoll zusammengestelltes Fermentdiagramm als biochemische Suchmethode an den Anfang des Untersuchungsgangs zu stellen. Ein ebenso wenig eingreifendes und rasch zur Lokalisation führendes Verfahren ist die Leberszintigraphie, die sich unmittelbar an die Fermentdiagnostik anschließen sollte. Führen beide Untersuchungen trotz klinischen Verdachtes nicht zum Nachweis oder zur Lokalisation der Metastasen, so wird die Cöliakographie als Methode mit dem größten Auflösungsvermögen (Georgi) zur Lokalisationsdiagnostik eingesetzt.

Konnten nun mit diesen Methoden Lebertumoren oder Lebermetastasen lokalisiert werden, die, vor allem wenn sie im Leberhilus gelegen sind, einen operativen bzw. radiotherapeutischen Eingriff möglich machen, so stellt sich die Frage nach der Strahlensensibilität des Tumors, nach der Wirkung der eingestrahlten Dosis auf die gesunde Leber, nach der Störung der Entgiftungsfunktion der Leber und nach der Rückwirkung dieser therapeutischen Maßnahme auf den Gesamtzustand des Patienten, damit von vornherein eine klare positive Relation zwischen der Größe des Eingriffs und dem erzielbaren Resultat vorliegt. Am günstigsten ist, sich mit kleinen Feldern auf den Leberhilus zu beschränken, um eine Herddosis von 4000–6000 R zu applizieren. Bei strahlensensiblen Systemerkrankungen oder z. B. bei Hodentumoren kann man unter Umständen schon mit Dosen von 2000–3000 R eine Verkleinerung und regressive Veränderung der Tumorknoten erzeugen und daher größere Felder wählen, da die gesunde Leber infolge ihrer relativ geringen Strahlensensibilität solche Dosen tolerieren kann. Wie wir im folgenden Beitrag zeigen werden, gelingt es also heute unter Einsatz einer ausgefeilten Lokalisationsdiagnostik in Kombination mit einer gezielten Megavolttherapie, auch bei Lebertumoren oder isoliertem metastatischem Befall der Leber gute palliative Erfolge durch Beseitigung der Verschlußsymptomatik zu erzielen.

II. Strahlenwirkung an der Leber

Die zentrale Stellung der Leber als Entgiftungsorgan hat ihr lange Zeit – trotz der Kenntnis der relativ großen Strahlenresistenz aufgrund einer minimalen mitotischen Aktivität – das Odium des Noli tangere eingetragen, da man sich scheute, dieses wichtige Organ in seiner Funktion zu schädigen. Vor allem

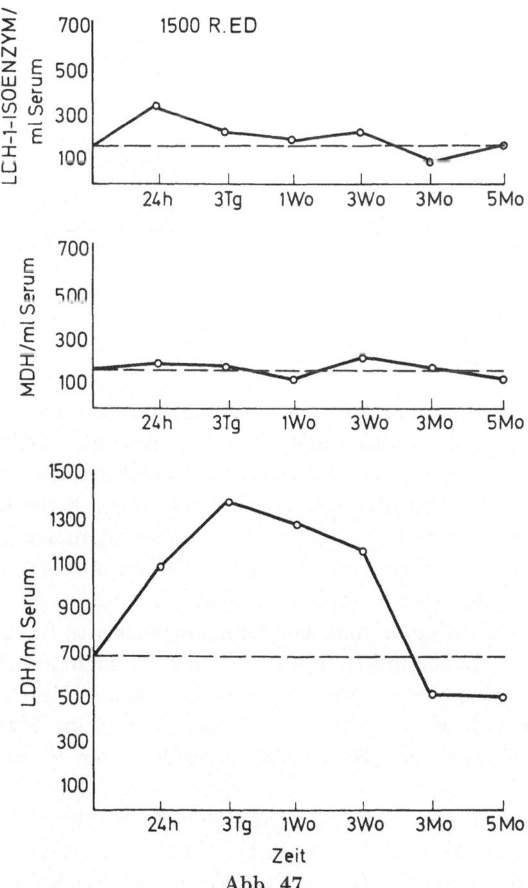

Abb. 47

Abb. 47—52. Verhalten verschiedener Serum-Enzyme nach einer einmaligen Dosis von 1500 R oder einer fraktionierten Bestrahlung der Leber. Stärkere Schwankungen nach hoher Einzeldosis

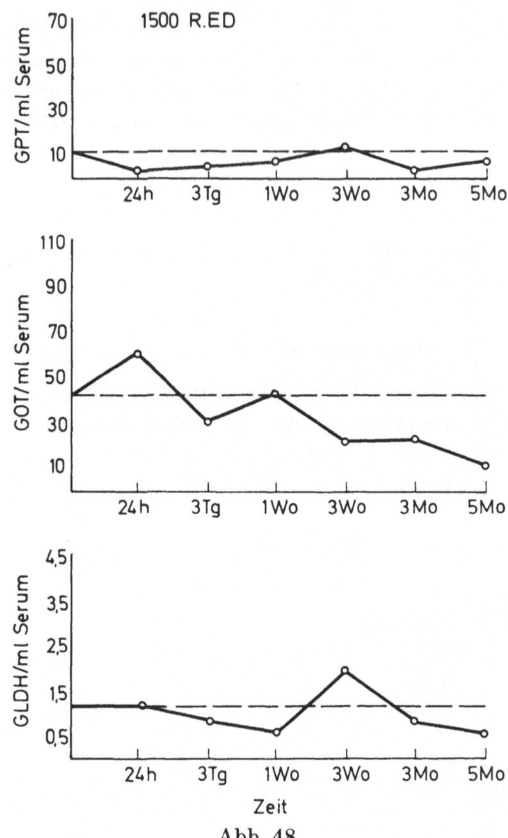

Abb. 48

durch frühzeitige Untersuchungen von Ellinger und anderen Autoren wurde erkannt, daß der durch ionisierende Strahlen erzeugte Zellzerfall eine Überschwemmung des Organismus mit toxischen Eiweißprodukten und eine erhebliche Belastung für die Entgiftungsfunktion der Leber bedeutete. Die biogenen Amine werden hierbei geradezu als hepatotoxische Agenzien bezeichnet, die zu schweren funktionellen Störungen der Leber führen können. Erst im späteren Verlauf kommt es dann zu morphologischen Veränderungen. Bei den Opfern von Atombombenexplosionen und bei Ganzkörperbestrahlungen in Tierexperimenten wurde eine Leberfunktionsstörung mit vermehrter Ausscheidung von Bilirubinogen gefunden, gleichzeitig kam es zu starker Hämolyse und Ikterus. Weiterhin fanden sich Koproporphyrin-Ausscheidung im Harn, Abnahme der Albumine und Zunahme der Globuline, besonders der α- und β-Fraktion (s. Kleibel).

Nach Braun kommt es bei Ganz- und Teilbestrahlung sowie nach lokaler Applikation ionisierender Strahlen, auch bei subletalen Dosen, zu Veränderungen des Volumens und der Struktur der Zellkerne und Nucleolen der Leberzellen. In den Leberläppchen findet sich eine nach der Peripherie hin abfallende Strahlenempfindlichkeit, und elektronenmikroskopisch läßt sich nach subletalen Dosen

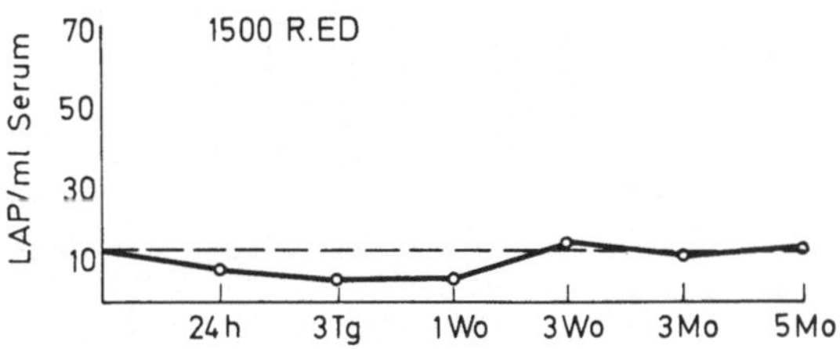

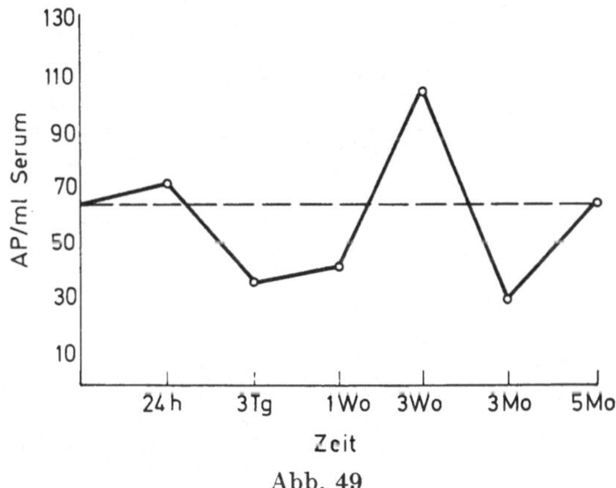

Abb. 49

eine Abnahme des endoplasmatischen Reticulums beobachten. Bei den Spätreaktionen an der bestrahlten Leber werden vor allem bindegewebige Elemente verändert; degenerative und regenerative Strukturveränderungen können beobachtet werden.

Nach Kärcher kommt es bei Ganzkörperbestrahlung zu einer akuten glykogenen Anschoppung, dann zu einer starken Glykogenverarmung der Leber, die durch teilweise Abdeckung des Darmes oder des Knochenmarkes oder durch Einsatz von Co-Ferment-aktiven Bioflavonoiden vermindert werden kann. Außerdem fand Kärcher eine in der akuten Phase der funktionellen Leberschädigung auftretende Verminderung an Fermenten der Glykolyse und des Citronensäurecyclus (Abb. 47–52). Vergleiche zwischen hochdosierter Einzeit- und fraktionierter Bestrahlung der Rattenleber brachten histochemisch und biochemisch eindeutig den Beweis der größeren Toleranz bei der niederen Einzeldosis, so daß Tumordosen ohne schwerere Funktionsstörung vertragen wurden (Abb. 53–56). Unsere fermentchemischen Ergebnisse stimmen mit denen von Sherman u. Forssberg überein.

Strubelt berichtet über eine Erhöhung der Monoamino-oxydase eine Stunde nach der Bestrahlung. Dieses Ferment ist für den Abbau von Aminen von besonderer Bedeutung. Nach Zicha, Dienstbier, Borová, Benes u. Neuwirt steigt der Glutationreduktasegehalt der Leber nach der Bestrahlung biphasig bis auf 170 % des Ausgangswertes an, während nach Agarwall u. Mehrotra die Lipoide und der Gesamtstickstoff im Gegensatz zum Leberglykogen nach der Bestrahlung

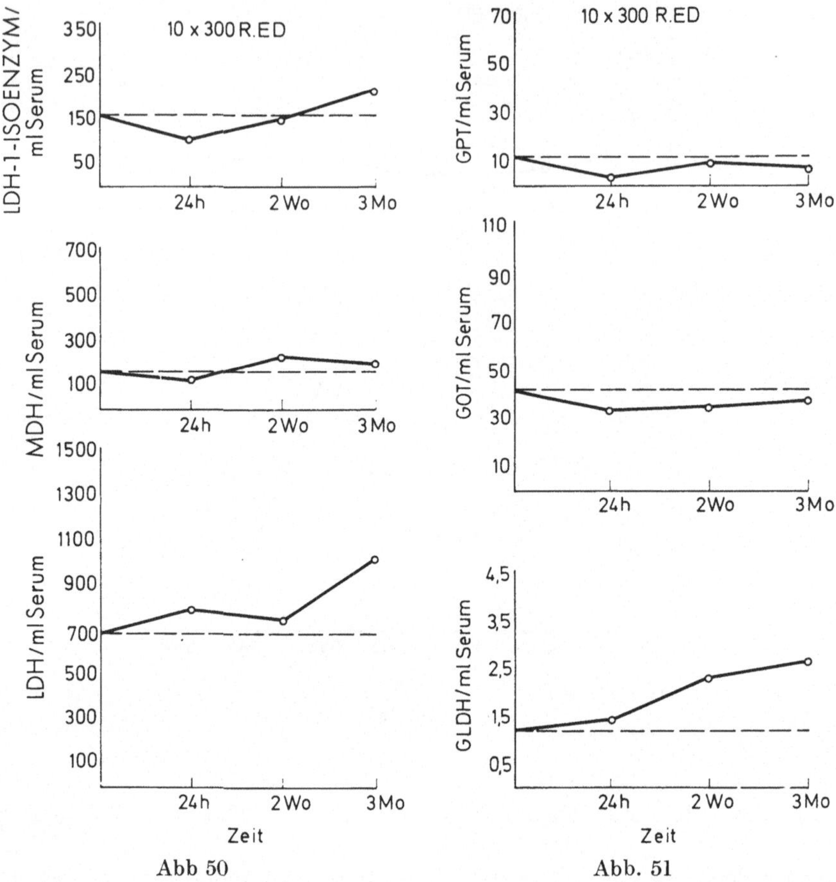

Abb 50 Abb. 51

nicht verändert wurden. Eindeutig wird von allen Autoren nach einer Leberbestrahlung eine Reduktion oder Supression der Funktion des hepatischen reticuloendothelialen Gewebes nachgewiesen. Dieser Nachweis wird in der Hauptsache mit der Speicherung von kolloidalem Gold^{198} und szintigraphischen Untersuchungen bestätigt. Das Reticuloendothel, welches das kolloidale radioaktive Gold phagocytiert, scheint durch eine Bestrahlung blockiert zu sein. Johnson, Großmann u. Atkins können dies mit der Szintigraphie während der Bestrahlung von Lebermetastasen nachweisen. 84 bis 106 Tage nach der Bestrahlung kommt es dann wieder zu einer Normalisierung des reticuloendothelialen Gewebes. Nach Friedrich findet diese Störung der Phagocytosetätigkeit des RES allerdings erst bei Einzeldosen von 1000 R und bei Gesamtdosen von 2000 R statt. Über die Strahlenschädigung der Leber bei Mäusen berichtet Michailow, wobei es bereits nach Dosen von 1200 R zu Dystrophien und nach 1800 R zu perivasculären periportalen Bindegewebsproliferationen, Fibrosen und nekrotischen Bezirken im Leberparenchym kommen soll.

Der Bericht von Reed u. Cox über die Histologie der Leber beim Menschen nach einer Therapie mit 3000–6000 rad zeigt, daß es zunächst zu einer intensi-

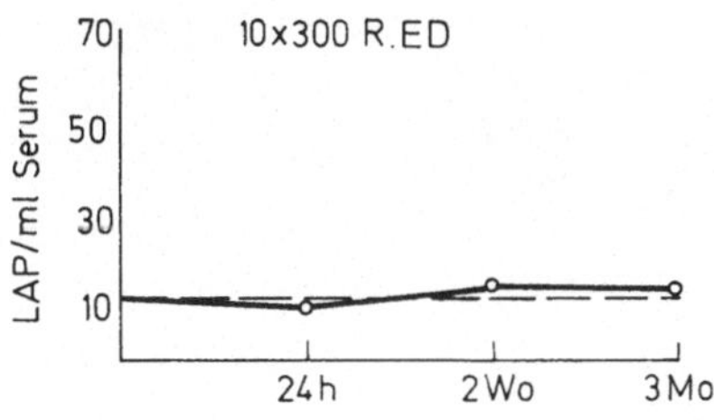

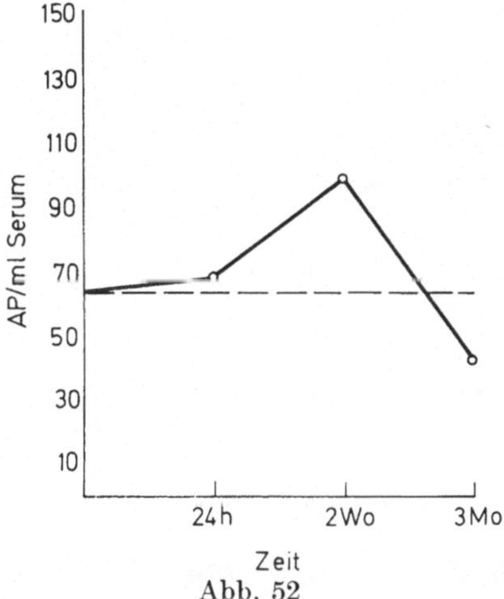

Abb. 52

ven Hyperämie und hepatischem Zellverlust in der Nähe der Läppchenzentren kommt, der von einer progressiven obliterierenden Fibrose der kleinen hepatischen Venen gefolgt ist. Bei Patienten, die diese Therapie mehr als 4 Monate überlebten, konnte eine Erholung der Leberzirkulation und Rückkehr normaler Leberstrukturen nachgewiesen werden. Relativ geringe Narbenbildung entwikkelte sich in der Leber nach einem Jahr.

Laddaga gibt eine Übersicht über die sich teilweise widersprechenden Befunde am bestrahlten Lebergewebe. Es wird dabei vor allem auf die Tatsache hingewiesen, daß Leberzellen im Zustand der Regeneration strahlenempfindlicher sein können. Diesbezüglich sind auch die experimentellen Ergebnisse von Sherman u. Forssberg (zit. nach Bacq u. Alexander) über den P-32-Stoffwechsel der Leber und die Aktivität der ATP nach der Bestrahlung von Interesse. Die Autoren folgern aus der Grundlagenforschung, daß die Leber strahlensensibler ist, als man früher annahm, daß das vasculäre System die Strahlenwirkungen deutlich macht und daß eine gesteigerte biochemische Aktivität nach der Bestrahlung in der Leber – der vermehrte Einbau von P-32, erhöhte Aktivität der ATP und zahlreicher anderer Enzyme wie der Transaminasen – vorzeitig auf die später morphologisch sichtbaren Effekte, wie die Stimulation des Haarwachstums beim Kaninchen, hinweist.

Pohle u. Bunting deuten ihre Befunde bei der experimentellen Bestrahlung von Rattenlebern mit verschiedenen Einzeldosen von 600–2500 R als Störung

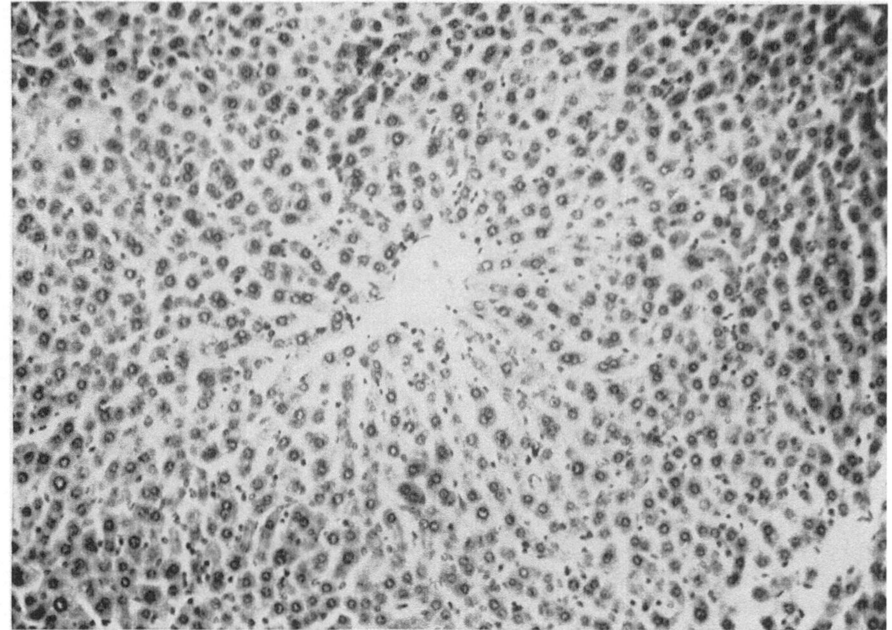

Abb. 53

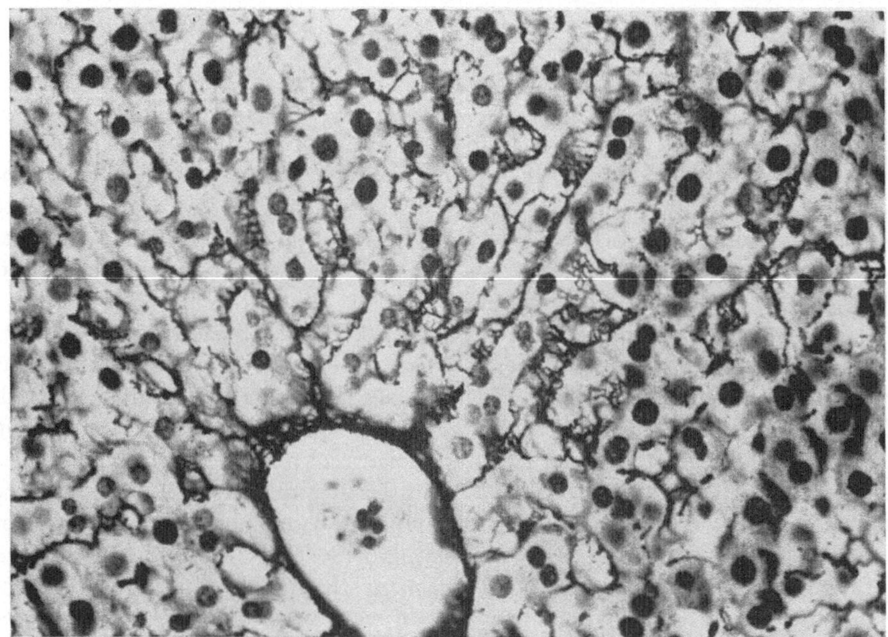

Abb. 54

Abb. 53 u. 54. Morphologisches Bild der Leber nach 3000 R fraktionierter Bestrahlung (HE-Färbung und Versilberung) 3 Monate nach Abschluß. Nur geringradige celluläre Veränderungen wie Kernpyknose und Hyperchromasie, deutlich geschwollene, prominente reticuläre Elemente

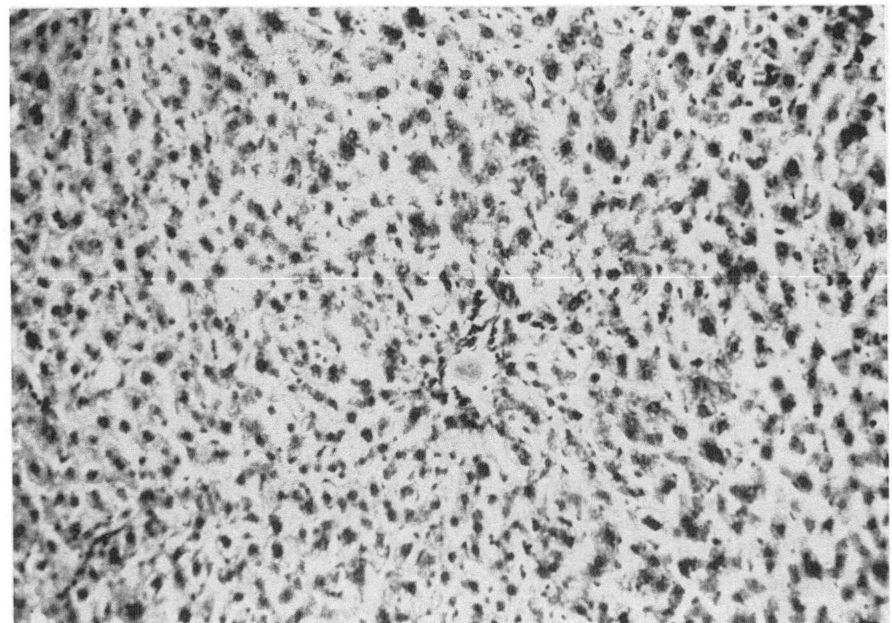

Abb. 55

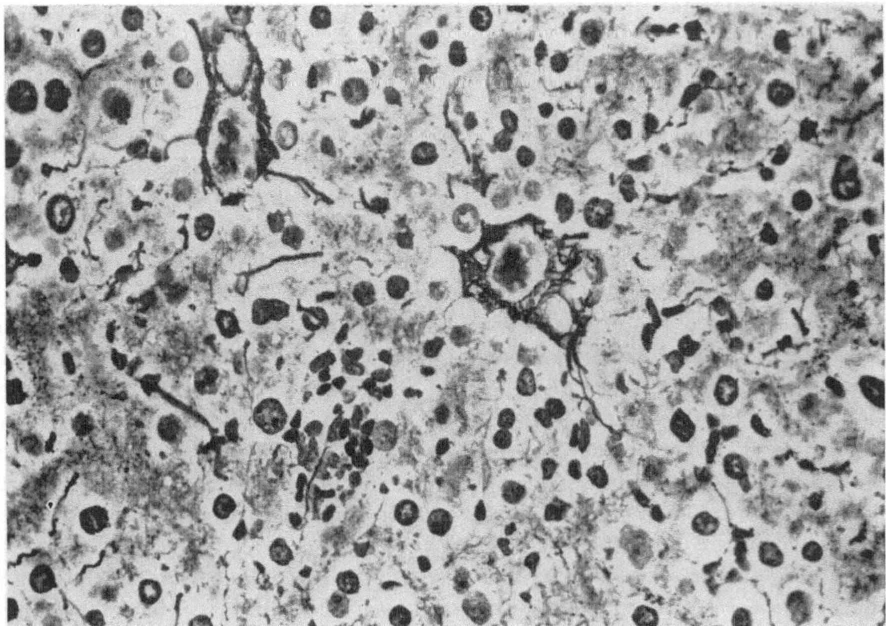

Abb. 56

Abb. 55 u. 56. Sowohl die HE-Färbung wie die Versilberung zeigen nach hoher Einzeldosis (1500 R) 3 Monate nach der Bestrahlung schwere celluläre Schäden und Rarefizierung der Reticulumfasern, einzelne Rundzellanhäufungen, Kerntrümmer, Zellatypien, Kernpyknose der cellulären Oxydationsvorgänge, die einmal in Heilung, andererseits aber auch in Atrophie übergehen können; sowohl die Schwellung als auch die Atrophie deuten auf Grund des cyclischen Ablaufs darauf hin, daß die Reaktion am Lebergewebe ähnlich wie in der Haut abläuft.

Birzle, Beck u. Dieterich, Birzle u. Franzius sowie Birzle u. Fliegel haben ausgedehnte tierexperimentelle Untersuchungen über die funktionelle Strahlenempfindlichkeit der Leber durchgeführt und hierbei die Bildung gepaarter Schwefelsäuren nach Belastung mit N-Acetyl-Paraaminophenol untersucht. Sie fanden, daß eine einzeitige Bestrahlung mit 1000 R eine signifikant verminderte Bildung und Ausscheidung gepaarter Schwefelsäuren verursacht. Diese Störung ist innerhalb von 14 Tagen reversibel. Eine fraktionierte Bestrahlung mit 300 R täglich und 6000 R Gesamtdosis führt zu keiner Beeinträchtigung der Sulfatentgiftungsvorgänge. Sie diskutieren außerdem den Begriff der Strahlenempfindlichkeit der Leber und zeigen, daß die Proteinsynthese ab 2000 R gehemmt ist, während bei einer Gesamtdosis von 10000 R die Serumenzyme wie GOT und GPT sowie SDH bei gleichzeitiger Erhöhung des Serumbilirubins ansteigen. Die mit dem Bromphthaleintest erfaßbare Schwellendosis liegt bei 500 R. Die zu einer irreversiblen Schädigung führende Dosis wird zwischen 5000–10000 R angenommen.

Benacerraf, Kivy-Rosenberg, Sebestyen u. Zweifach prüften den Effekt hoher Strahlendosen auf das phagocytäre, proliferative und metabolische Verhalten des reticuloendothelialen Systems mit kolloidalem Gold und wiesen nach, daß das RES schon nach 850 R funktionell blockiert ist. Bereits nach 600 R fand sich eine gestörte Fähigkeit der Kupferschen Sternzellen, denaturiertes Protein enzymatisch abzubauen.

Mignard, Patek und Bernick berichten an Hand histochemischer Untersuchungen der Rattenleber über den Bestrahlungseffekt, wobei sie mit der Methylgrün-Pyronin-Färbung, Feulgen und PAS-Methode gleichzeitig Vergleiche über den RNS-, DNS-, Glykogen- und Lipid-Gehalt der Leber anstellen. Es wurden Dosen von 300 und 600 R auf die Leber appliziert. Bei 600 R fanden sich vor allem in der zentralen Portion der Leber morphologische Veränderungen der reticuloendothelialen Zellen und eine Verminderung des Glykogengehaltes, jedoch keine nachweisbare Störung der Lipidverteilung. Darüber hinaus konnten die Autoren zeigen, daß diese Veränderungen nach der 600-R-Dosis nur vorübergehenden Charakter hatten. 6 Wochen nach der Bestrahlung waren die Zellveränderungen völlig verschwunden. Über Veränderungen im Sinne der Strahlenhepatitis oder Strahlenschädigung der Leber nach therapeutischer Anwendung von ionisierenden Strahlen berichten außerdem Ingold, Reed, Kaplan u. Bagshaw sowie Morgenroth u. Themann. Eine gute Darstellung über die strahleninduzierte Leberschädigung und ihren Nachweis durch szintigraphische Methode geben Johnson, Großman u. Atkins.

Den ausgedehntesten Bericht über die größte Zahl von Patienten, die wegen primärer Lebercarcinome oder Lebermetastasen bestrahlt wurden, gibt Ariel. Er kann sich auf die Erfahrungen an 50 Patienten beziehen, die wegen inoperabler Lebercarcinome oder Lebermetastasen einer Strahlentherapie unterworfen wurden. Neben der Strahlentherapie wendet dieser Autor die vorhergehende Probelaparotomie und evtl. chirurgische Resektion oder die postoperative und postradiologische intraarterielle Perfusion der Leber mit Cytostatica an. Bei der Erfolgsbeurteilung der Strahlentherapie weist Ariel darauf hin, daß ein Teil der Patienten mit einer langen Periode guter Palliation reagierte, während bei einem anderen Teil eine rasche Verschlechterung des Gesamtverlaufs beobachtet wurde. Von 10 Patienten mit primärem Lebercarcinom zeigten 5 einen guten symptomatischen Erfolg. Bei Patienten mit Lebermetastasen konnte er feststellen, daß bei primär stark gestörter Leberfunktion die Therapie nicht gut vertragen wurde, so daß sie nach kurzer Zeit unterbrochen werden mußte. Dagegen wurde sie bei Patienten mit einer ausreichenden hepatischen Reserve gut vertragen; es kam zu einer Besserung der Symptome und des Appetits sowie zu einer Verkleinerung der Tumormasse. Aufgrund seiner Erfahrungen bemerkt Ariel, daß die Leber eine Strahlentherapie recht gut tolerierte, wenn sie noch nicht zu stark durch den carcinomatösen Prozeß oder Begleitveränderungen geschädigt sei und eine metabolische Entgleisung noch nicht bestehe. Wenn das Neoplasma einen noch nicht zu großen Bezirk der Leber einnimmt, wird die Bestrahlung noch toleriert. Vor allem sollten diffuse Metastasen über der ganzen Leber in keinem Falle mit einer Strahlentherapie angegangen werden. Von entscheidender Bedeutung für das strahlentherapeutische Ansprechen ist die Histologie des Tumors. Sowohl Hämangiome, Neuroblastome als auch lymphomatöse Infiltrationen wie Hodgkin, Leukämie, Reticulumzellsarkome, Lymphosarkom und andere sprechen gut auf die Strahlentherapie an, Tumoren der Cervix, Bronchialcarcinome und andere epitheliale Tumoren dagegen schlecht. Adenocarcinome zeigen ebenso wie Metastasen von Magen-, Rectum-, Pankreas- und Mammacarcinom fast völlige Strahlenresistenz. Bei der Therapie wurden 300 R Einzeldosis von zwei gegenüberliegenden Feldern unter Anwendung von Megavoltstrahlung und einer Gesamtdosis bis zu 3750 R angewendet. Dabei fand sich bei 72 % der Patienten eine Besserung der Symptome, wenn auch die Überlebenszeit nicht verändert wurde.

III. Eigene therapeutische und klinische Erfahrungen

Eigene tierexperimentelle Untersuchungen und Arbeiten anderer Autoren zeigten, daß die Leber, vor allem bei gezielter Megavolttherapie und Anwendung täglicher Fraktionierung ohne Überschreitung einer Gesamtdosis von 6000 R, in ihrer Funktion nicht nachhaltig geschädigt wird. Daher teilen wir Ariels Auffassung, daß eine palliative Strahlentherapie mit Megavoltstrahlen, besonders bei strahlensensiblen Tumoren, palliative Erfolge und gute Besserungen des Allgemeinzustands der Patienten ermöglicht (Abb. 57 u. 58). Diffuse Leberbestrahlungen verbieten sich, da sie schwere funktionelle Schädigungen setzen und damit zur Verschlechterung und rascheren Progredienz des vorliegenden Leidens führen.

Nur bei extrem strahlensensiblen Tumoren, etwa einem Lymphosarkom oder einem Seminom, dürfte es erlaubt sein, auch diffusen Leberbefall versuchsweise mit niederen Gesamtdosen bis zu 2000 R palliativ zu bestrahlen. Wir konnten zeigen (Kärcher, Zum Winkel, Georgi), daß es mit Hilfe von Fermentdiagnostik, Leberszintigraphie und Angiographie (Cöliakographie) möglich ist, die fraglichen Lebertumoren und Metastasen darzustellen und den Verlauf der Strahlentherapie

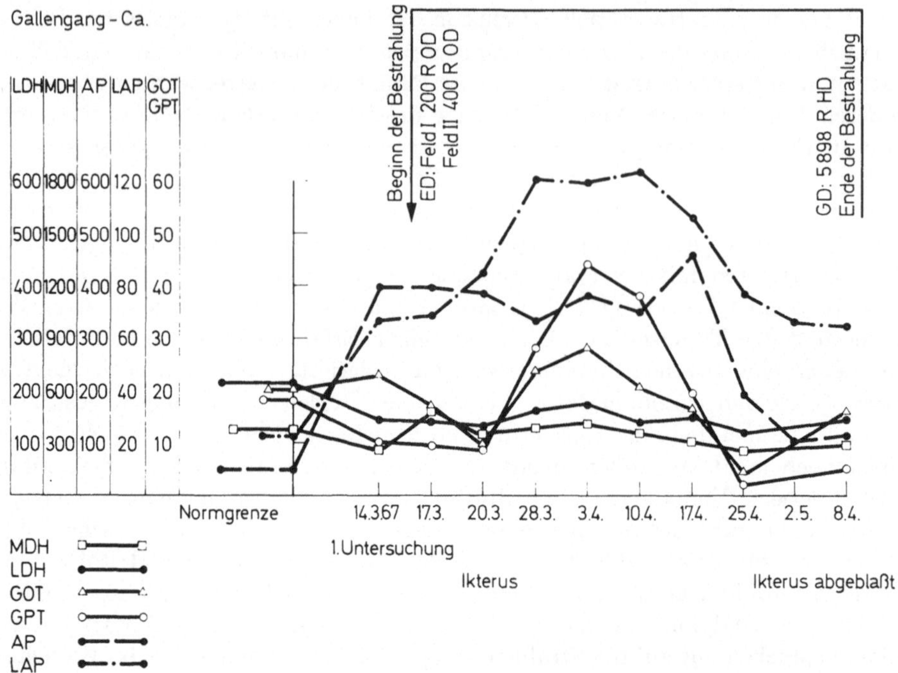

Abb. 57. Verhalten eines Leberfermentmusters bei Bestrahlung eines Gallengangs-Carcinoms mit Verschlußikterus. Zunächst Anstieg der Fermente unter der Bestrahlung, aber gleichzeitig mit klinischer Besserung auch weitgehende Normalisierung der pathologischen Fermentwerte

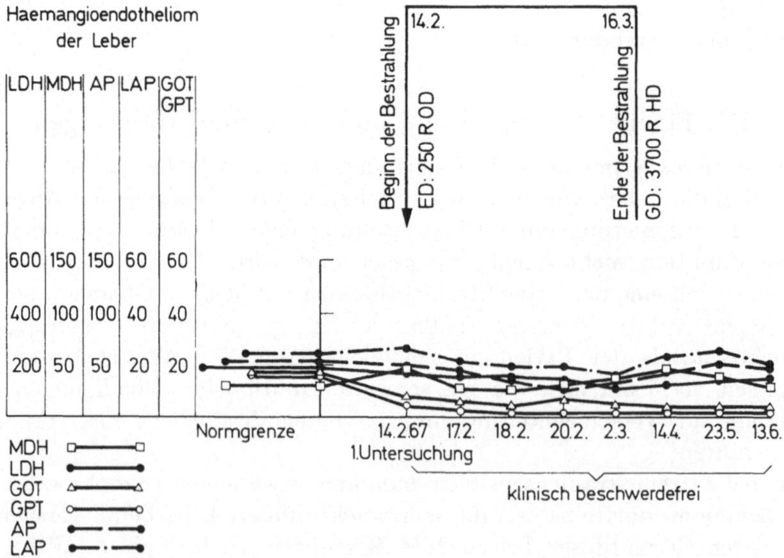

Abb. 58. Völlig normales und durch die Bestrahlung unverändertes Fermentmuster bei einem Haemangioendotheliom der Leber. Auch röntgenologisch keine Rückbildung nachweisbar

bzw. das Ansprechen des Tumors frühzeitig zu erkennen und den klinischen Verlauf zu dokumentieren. Kärcher hat wiederholt gemeinsam mit Maxwell auf den Wert des Fermentdiagrammes mit LDH, MDH, SGOT, SGPT, LAP, AP und γ-Glutamyl-Transpeptidase hingewiesen und über die Möglichkeiten der

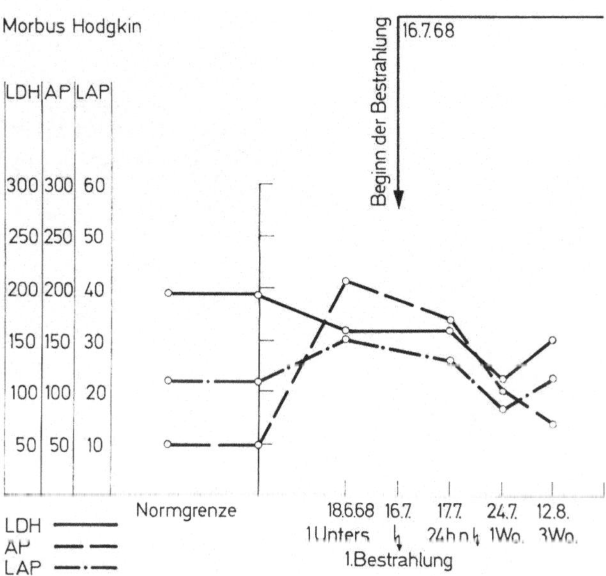

Abb. 59. Verhalten der Fermente bei Morbus Hodgkin mit ausgedehntem Leberbefall im Bereich der Leberpforte. Klinische Besserung nach der Bestrahlung

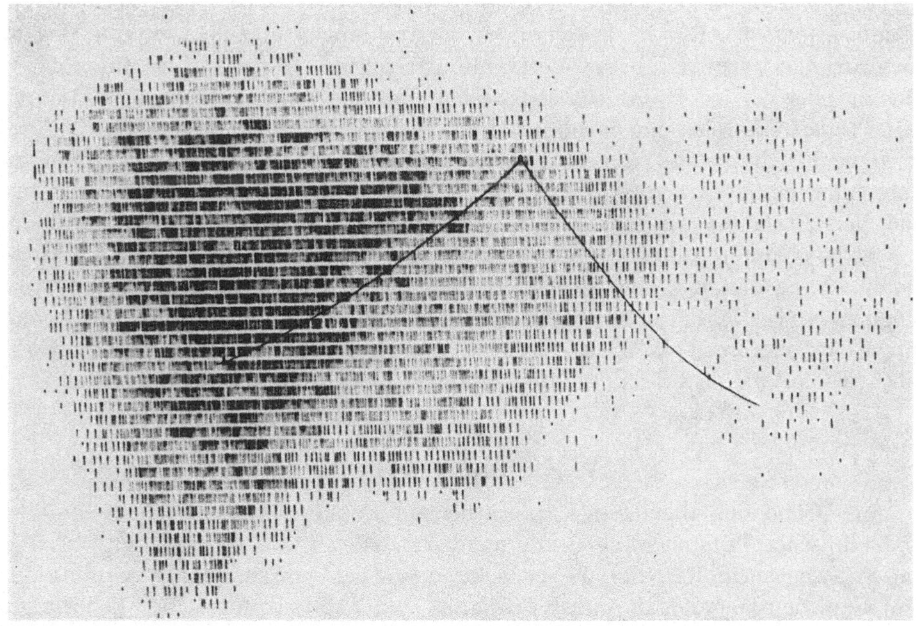

Abb. 60. Leberszintigramm vor der Bestrahlung. Fraglicher Defekt im Bereich der Leberpforte

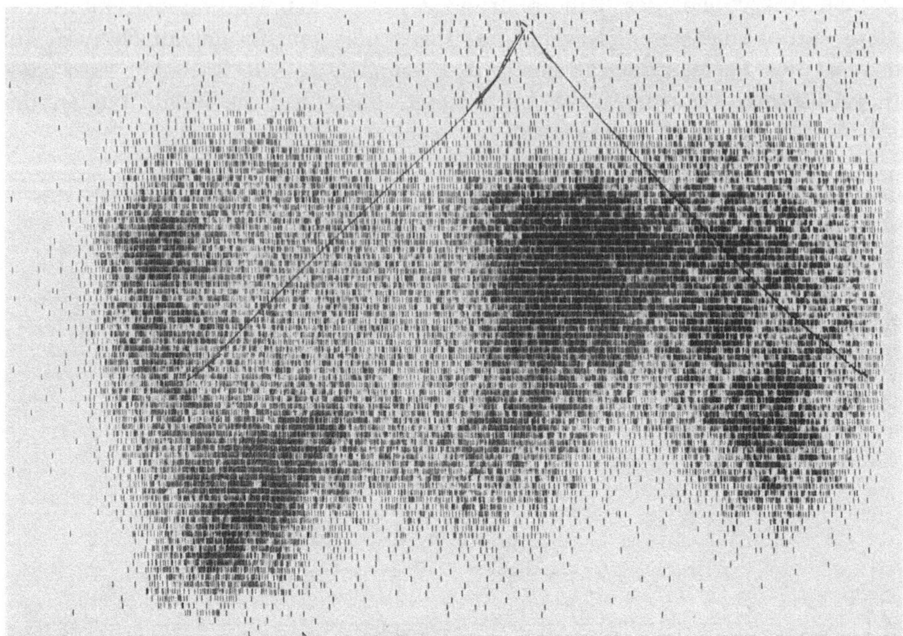

Abb. 61. Leberszintigramm am Ende der Bestrahlung. Das Bestrahlungsfeld kommt als Speicherausfall gut zur Darstellung. Durch die Blockierung des RES der Leber kommt es zur kompensatorischen Radiogoldspeicherung in der Milz

Verlaufskontrolle und Erfolgsbeurteilung berichtet (Abb. 63). Das Fermentdiagramm gestattet sofort nach den ersten Bestrahlungen und im weiteren Verlauf eine Aussage darüber, ob die Bestrahlung erfolgversprechend und sinnvoll erscheint oder ob sie frühzeitig abgebrochen werden sollte, um dem Patienten keine schweren Belastungen zumuten zu müssen. Auch wir kommen wie Ariel zu dem Ergebnis, daß durch die Bestrahlung von Tumoren, vor allem im Leberhilus mit Megavoltstrahlen, die Verschlußsymptomatik völlig beseitigt und den Patienten ein absolutes Wohlbefinden wiedergegeben werden kann. Epitheliale Tumoren und Adenocarcinome sprechen in der Regel nicht auf diese Dosen an, so daß man auf ihre Einbeziehung in das Therapieprogramm nach Möglichkeit verzichten sollte. Wird ein Therapieversuch zur Öffnung der Leberpforte vorgenommen, kann er durch die Kontrolle mit dem Fermentdiagramm hinsichtlich seiner Erfolgsaussichten rasch beurteilt werden (Abb. 59–61).

IV. Zusammenfassung

Auf Grund der allgemeinen Literaturmeinung sowie eigener experimenteller und klinischer Untersuchungen kommen wir zu folgender Auffassung, 1.: hängt die Strahlensensibilität der Leber sehr wesentlich von ihrem Durchblutungs- und Funktionszustand ab und die Gesamt- und Teilbestrahlung der Leber kann im niederen Dosisbereich zu nachweisbaren, teilweise schweren funktionellen

Störungen führen, welche die Entgiftungsfunktion, die Eiweißsynthese und den Enzymstoffwechsel beeinflussen; 2. kommt es ebenfalls bereits bei relativ niedrigen Dosen zu einer Blockade des RNS mit nachweisbarer Verminderung der Speicherungsfähigkeit für radioaktives Gold; 3. histologisch-morphologische sowie funktionelle Veränderungen irreversibler Natur findet man besonders bei hohen Einzeldosen von 1000 R und Gesamtdosen von 3000 R und mehr. Bei normaler Fraktionierung zwischen 200 und 300 R werden Tumordosen bis zu 6000 R weitgehend ohne funktionelle Störungen und mit geringen morphologischen Spätveränderungen einhergehen; 4. aus all diesen Befunden ergibt sich die Folgerung, daß die Bestrahlung des Leberhilus insbesondere bei strahlensensiblen Tumoren eine gute Aussicht auf Erfolge im Sinne palliativer Besserung der Verschlußsymptomatik bis zu völliger Rückbildung bietet, wenn die Felder gut eingeblendet sind und Megavoltstrahlung angewendet wird. Bei epithelialen Tumoren, insbesondere bei Adenocarcinomen, sind die Erfolgsaussichten einer Strahlentherapie gering; 5. einer Strahlentherapie muß unbedingt eine gute Lokalisationsdiagnostik durch Isotopenszintigraphie und evtl. Katheterangiographie, kombiniert mit einer Fermentuntersuchung, vorausgehen; 6. während der Strahlentherapie sollte von Anfang an eine Kontrolle des Fermentdiagrammes erfolgen, um die Aussichten auf ein Ansprechen des Tumors zu beurteilen und evtl. die Dosierung zu steuern. Weiterhin können bei mangelhaftem Ansprechen eine weitere Bestrahlung der Leber und eine fatale Entwicklung des Krankheitsfalles vermieden werden.

Wir glauben, daß die Fortschritte der Leberdiagnostik wie auch die technischen Fortschritte auf dem Gebiet der strahlentherapeutischen Methodik heute eine Bestrahlung von Lebertumoren und -metastasen, insbesondere strahlensensibler Geschwülste, durchaus gerechtfertigt erscheinen lassen, wenn man die Möglichkeit nahezu kompletter Remissionen, die für den Patienten eine immense Erleichterung seines Leidens mit sich bringen, in Betracht zieht.

Literatur

Agarwal, S. K., Mehrotra, R. M. L.: Changes in liver following total body irradiation in albino rats. Indian J. med. Res. **52**, 1073—1079 (1964).

Agostini, C., Sessa, A., Fenaroli, A., Ciccarone, P. A.: Production of „fatty liver“ by x-irradiation. Rad. Res. **23**, 350—356 (1964).

Alexander, P., Bacq, Z. M.: The nature of the initial radiation damage at the subcellular level. In: The initial effects of ionizing radiations on cells. Ed. by Harris, R. I. C., London-New York: Acad. Press 1961.

— — Fundamentals of Radiobiology. Vol. 5. Oxford-London-New York-Paris: Pergamon Press 1963.

Ariel, I. M.: The treatment of primary and metastatic cancer of the liver. Surgery **39**, 70—91 (1956).

Becker, J., Kärcher, K. H.: Ergebnisse enzymatischer Untersuchungen bei der postoperativen Bestrahlung maligner Tumoren. Radiologia Austriaca. Hrsg. Österreichische Röntgen-Gesellschaft, Bd. XVI/3, 169—176, 1966.

Benacerraf, B., Kivy-Rosenberg, E., Sebesteyn, M. M., Zweifach, B. W.: Effekt of high doses of x-irradiation on phagocytic, proliferative, and metabolic properties of reticuloendothelial system. J. Exper. Med. **110**, 49—64 (1959).

Bergmeyer, H. U.: Methoden der enzymatischen Analyse. Weinheim (Bergstraße): Verlag Chemie 1962.

Bierman, H. R., Kelly, K. H., Byron, R. L.: Hepatic arteriography. In: Angiography, Vol. 2. Boston: Little, Brown & Cie. 1961.

Birzle, H., Beck, K., Dietrich, E.: Die Wirkung gezielter Röntgentiefenbestrahlung der Leber auf die Bildung gepaarter Schwefelsäuren nach Belastung mit N-azetyl-p-aminophenol beim Kaninchen. Strahlentherapie **133**, 602—609 (1967).

— Fliegel, C.: Reaktion der Leber auf gezielte Bestrahlung. Strahlentherapie **128**, 273—282 (1965).

— Franzius, E.: Über die funktionelle Strahlenempfindlichkeit der Leber. Strahlentherapie **126**, 119—131 (1965).

Börner, G. L.: Nachweis von Veränderungen der LDH-Isoenzyme in Serum und Gewebe ganzkörperbestrahlter Ratten mit Hilfe der Hochspannungselektrophorese. Dissertation Heidelberg 1965.

Braun, H.: Leber. In: Strahlenpathologie der Zelle. Beiträge zur Zyto- und Histopathologie der Strahlenwirkung. Hrsg. E. Scherer und H. St. Stender, 233—264. Stuttgart: Thieme 1963.

— Enzymveränderungen im Serum und in verschiedenen Organen nach Einwirkung ionisierender Strahlen. Dtsch. Röntgenkongreß 1967. 48. Tagung der Deutschen Röntgengesellschaft. Teil T.: Strahlenbehandlung und Strahlenbiologie, 351—354. München-Berlin-Wien: Urban & Schwarzenberg 1967.

Cassen, B., Curtis, L., Reed, C. W., Libby, R. L.: Instrumentation for I-131 use in medical studies. Nucleonics **9**, 46 (1951).

Ellinger, F.: Response of liver to irradiation. Radiology **44**, 241—254 (1945).

Friedrich, R.: Die Funktion des retikuloendothelialen Systems nach lokaler Strahlenbelastung der Leber. Strahlentherapie **128**, 549—557 (1965).

Fritz-Niggli, H.: zit. nach K. H. Kärcher: Einführung in die klinisch-experimentelle Radiologie. München-Berlin: Urban & Schwarzenberg 1964.

Hess, B.: Enzyme im Blutplasma. Stuttgart: Thieme 1966.

Ingold, J. A., Reed, G. B., Kaplan, H. S., Bagshaw, M. A.: Radiation hepatitis. Amer. J. Roentgenol. **93**, 200—208 (1965).

Jenny, S.: Die Früherfassung der Lebermetastasen unter Ausschluß der Laparotomie, Laparoskopie und Biopsie. Acta hepato-splenol. **14**, 317—325 (1967).

Johnson, P. M., Grossman, F. M., Atkins, H. L.: Radiation induced hepatic injury. Its detection by scintillation scanning. Amer. J. Roentgenol. **99**, 453—462 (1967).

Kalk, H.: Zirrhose und Narbenleber. Stuttgart: Enke 1957.

— zum Winkel, K., Georgi, M.: Fermentuntersuchungen und Szintigraphie bei Lebermetastasen. Klin. Wschr. **42**, 1241—1244 (1964).

— Kato, H. T., Schleich, A.: Die Veränderung der Isoenzyme der Laktatdehydrogenase nach Einwirkung ionisierender Strahlen. II. Mitt.: Enzymatische und morphologische Untersuchungen an Tumorzellkulturen. Strahlentherapie **127**, 229—244 (1965).

— Kato, H. T.: Die Veränderungen der Isoenzyme der Laktat-Dehydrogenase nach Einwirkung ionisierender Strahlen. III. Mitt.: Ergebnisse der Untersuchung der LDH-Isoenzyme während der Strahlentherapie. Strahlentherapie **127**, 439—451 (1965).

Kärcher, K. H.: Fermentdiagnostik von Lebertumoren und -metastasen während einer Strahlenbehandlung. Münch. med. Wschr. **110**, 2617—2621 (1968).

— Die Bedeutung biochemischer Verlaufskontrollen während der Strahlentherapie maligner Tumoren. Vortrag in Gent 13.—16. Juni 1968 (im Druck).

— Enzymatische und szintigraphische Veränderungen während der Strahlentherapie von Lebermetastasen. Strahlentherapie (im Druck).

Kelling: Zit. nach K. H. Bauer „Das Krebsproblem", Berlin-Göttingen-Heidelberg: Springer 1963.

Kleibel, F.: Die Wirkung der ionisierenden Strahlen auf Organe und Systeme. In: Einführung in die klinische-experimentelle Radiologie. Hrsg. K. H. Kärcher. München-Berlin: Urban & Schwarzenberg 1964.

Laddaga, M.: Einige Gesichtspunkte zur Strahlenempfindlichkeit des Lebergewebes. Zbl. f. Radiol. **85**, 193 (1965).

Lukasik, S., Richterich, R., Colombo, J.-P.: Der diagnostische Wert der alkalischen Phosphatase, der Leucin-aminopeptidase und der -Glutamyl-transpeptidase bei Erkrankungen der Gallenwege. Schweiz. med. Wschr. **98**, 81—83 (1968).

Maxwell, W. C.: Vergleich zweier diagnostischer Methoden, die zur Erkennung von Lebermetastasen verwendet werden: Enzymuntersuchungen und Szintigraphie. Dissertation Heidelberg 1966.

Michailow, V.: Über die Strahlenschädigung der Leber, der Nieren und des Herzens. Radiol. Radiother. (Berl.) **6**, 313—318 (1965).

Mignard de, V. A., Patek, P. R., Bernick, S.: Response of Liver to „target" irradiation. Amer. J. Path. **47**, 339—351 (1965).

Morgenroth, K., Jr., Themann, H.: Gewebsveränderungen an Leber, Milz und Nieren nach Einwirkung ionisierender Strahlen. Radiologie **6**, 86—94 (1966).

Ozarda, A., Pickren, J.: The topographic distribution of liver metastases, its relation to surgical and isotope diagnosis. J. nucl. Med. **3**, 149 (1962).

Pohle, E. A., Bunting, C. H.: Studies of the effect of roentgen rays on the liver. Histological changes in the liver of rate following exposure to single graded doses of filtered roentgen rays. Acta radiol. **13**, 117—124 (1932).

Reed, G. B., Jr., Cox, A. J., Jr.: The human liver after radiation injury. A form of veno-occlusive disease. Amer. J. Path. **48**, 597—611 (1966).

Schinz, H. R., Glauner, R., Ruttimann, A.: Ergebnisse der medizinischen Strahlenforschung. Neue Folge. Diagnostik. Therapie. Nuklearmedizin. Biologie. Bd. I, 1964. Hrsg.: H. R. Schinz, R. Glauner, A. Rüttimann. Stuttgart: Thieme 1964.

Schmidt, E., Schmidt, F. W.: Enzymdiagnostik bei primärem Leberkarzinom. Dtsch. med. Wschr. **93**, 1153—1155 (1968a).

Schmidt, E., Schmidt, F. W.: Enzymdiagnostik der Metastasen-Leber. Dtsch. med. Wschr. **93**, 1198—1200 (1968b).

Seldinger, S. I.: Catheter replacement of the needle in porcutaneous arteriography. Acta radiol. **39**, 368 (1953).

Sherman, F. G., Forssberg, A.: (zit. nach P. Alexander und Z. M. Bacq. Fundamentals of Radiobiology. Vol. 5. Oxford-London-New York-Paris. Pergamon Press 1963). Arch. Biochem. **48**, 293 (1954).

Siede, W.: Tumoren der Leber und Gallenwege. In: Diagnostik der Geschwulstkrankheiten. Hrsg. H. Bartelheimer und H. J. Maurer. Stuttgart: Thieme 1962.

Strubelt, O.: Wirkung ionisierender Strahlen auf die Monoaminooxydaseaktivität in Leber und Gehirn weißer Mäuse. Strahlentherapie **124**, 570—572 (1964).

Walther, H. E.: Krebsmetastasen. Basel: Schwabe & Co. 1948.

Zicha, B., Dienstbier, Z., Borova, J., Benes, J., Neuwirt, J.: Die Dynamik des durch die Glutathionreduktase katalysierten GSH-Rodox-Zustandes in der Leber bestrahlter Ratten. Strahlentherapie **126**, 299 (1965).

D. Strahlentherapie unter Verwendung hyperbaren Sauerstoffs

Bereits 1878 beschrieb Paul Bert in seiner klassischen Arbeit „La Pression barometrique, Paris 1878" die doppelte Rolle des Sauerstoffs: Einerseits kann er bei normalem Druck und normaler Konzentration Leben erhalten, andererseits wirkt er in Hochkonzentration bei hohen Drucken giftig und kann zum Tode führen. Bert beschrieb schon damals die gestörten metabolischen Prozesse, wie Verminderung der organischen Verbrennungen, Produktion von CO_2 und Abbau des Zuckers im Blut, als deren Resultat zuletzt die Temperatur abfällt. Unter dem Eindruck dieser Befunde entstand eine ausgedehnte Zahl von Mitteilungen über die Sauerstoffvergiftung. Luftfahrt und Tiefseeforschung sowie die medizinische Anwendung brachten es mit sich, daß die physiologische Forschung sich intensiv mit dem Krankheitsbild der Sauerstoffvergiftung, der Caissonkrankheit, befaßte. Die Ergebnisse sind von Stadie, Riggs u. Haugaard sehr ausführlich dargestellt und zusammengefaßt worden. Es werden hierbei vor allem die Symptomatologie der auftretenden Störungen und ihre Ursachen am respiratorischen, cardiovasculären sowie am Nervensystem besprochen. Bevor wir auf die Begründung der Anwendung hyperbaren Sauerstoffs in der Strahlentherapie eingehen können, sind daher einige grundlegende Bemerkungen zur Physiologie und Pathophysiologie der Sauerstoffwirkung unter Überdruckbedingungen sowie zum Sauerstoffeffekt in der Radiobiologie erforderlich.

I. Einleitende Bemerkungen

Bereits unter normalem Atmosphärendruck und Luftatmung findet sich eine 96–98 %ige Sättigung des arteriellen Hämoglobins. Wird der Sauerstoffpartialdruck auf 100 mm Hg erhöht, so kommt es zu einer 100 %igen Sättigung des Hämoglobins. Bei weiterer Druckerhöhung findet sich eine unbegrenzte physikalische Löslichkeit des Sauerstoffs im Blut, da das Hämoglobin chemisch besetzt ist. Bei 100 mm Hg stehen 0,3 Vol.-% physikalisch gelösten Sauerstoffs etwa 20 Vol.-% chemisch gebundenen Sauerstoffs gegenüber. Bei 3 atü befinden sich 6,5 Vol.-% Sauerstoff in physikalischer Lösung. Aus dieser Tatsache ergibt sich eine größere Skala klinischer Anwendung der Erhöhung des Sauerstoffpartialdruckes. In erster Linie kann dem Organismus durch die Vermehrung physikalisch gelösten Sauerstoffs ein zusätzliches Sauerstoffangebot gemacht werden, wenn das Hämoglobin auf andere Weise als Sauerstoffdonator nicht zur Verfügung stehen kann. So kann man in experimentellen Untersuchungen durch Austauschinfusion weitgehend entblutete Tiere im Sauerstoffüberdruck noch längere Zeit am Leben erhalten. Daraus ergibt sich eine größere Indikationsliste (s. Tab. 3).

Tabelle 3. *Tabelle nach Wandel über Indikationen zur Sauerstoff-Überdruckbehandlung*

Indikation	Erfolg
Auge — Verschluß der Zentralarterie	
frisch	++
alt	+
Arteria carotis-Verschluß	?
A. hepatica propria-Verschluß	++
Arterielle periph. Durchblutungsstörungen (bes. untere Extremitäten)	+
Caissonkrankheit	+++
Cerebrale Ischämie	
frisch	+
alt	—
Gasbildende Anaerobier-Infektionen	+++
CO-Intoxikationen	+++
Gefäßoperationen	+++
Herzlungenmaschine (Ersatz durch hyperbaren Sauerstoff)	—
Herzvitien	
intra Op.	++
post Op.	—
Herzinfarkt	—
Hypotension (intra Op.)	+++

Indikation	Erfolg
Ischämie nach Traumen (außer Schädelhirntraumen u. WS-Trauma)	+
Konservierung unterkühlter Transplantate	+
Luftembolie	+++
Lungenemphysem	—
Neugeborenen-Asphyxie	++
Osteomyelitis chronica	++
Rö-Therapie (Zur Unterstützung bei Tumorbestrahlung)	++
Schock	
hämorrhagisch	+++
traumatisch (n. Schädelhirntraumen)	+++
Tetanus	— bis ? +
Transplantationen	++
Tumoren	
Mensch	—
Tier (Wachstumgeschwindigkeit, Metastas.)	++
quoad vitam	—
varicöse Ulcera cruris	++
Verbrennung	? + bis ++

II. Die Pathophysiologie der Sauerstoffwirkung (Sauerstoffintoxikation)

Es ist verständlich, daß gerade in marineärztlichen Laboratorien und Untersuchungsstellen intensiv an diesem Problem gearbeitet wurde. So haben Nolte u. Wandel sowie Orzechowski ausführlich über die Pathophysiologie und die histopathologischen Veränderungen bei der Sauerstoffintoxikation berichtet und auch die ausgedehnten Untersuchungen von Holste, Maloni u. Donald (zit. von Orzechowski) besprochen. Hierbei werden von Wandel die chronische bzw. subakute Form, bei der es zu Lungenveränderungen und retrolentaler Fibroplasie kommt, von der akuten Form unterschieden, bei der die Vorgänge am zentralen Nervensystem im Vordergrund stehen. Für die toxische Wirkung des Sauerstoffs sind sowohl chemische als auch physikalische Vorgänge verantwortlich zu machen, wobei jedoch trotz der biochemischen, pathophysiologischen, histomorphologischen und neuropathologischen Untersuchungen noch zahlreiche Fragen ungeklärt sind. Die Tab. 4 zeigt die Sauerstoffintoxikationserscheinungen beim Menschen, wobei Umgebungsdruck und Sauerstoffkonzentration in der

Tabelle 4. *Tabelle nach Donald. Klinische Zeichen der Sauerstoff-Intoxikation beim Menschen*

Frühzeichen	Warnzeichen	Symptome
Gesichtsblässe	leichte Übelkeit	Erbrechen
Lippenzittern	leichter Schwindel	Schwindel
Schweißausbruch	Lippenzuckungen	Gesichtszuckungen
Bradykardie	Herzklopfen	Dyspnoe
	Oberbauchdruck	Bewußtlosigkeit
	Sehschwäche	Krämpfe
	Gesichtsfeldeinschränkung	
	akustische Halluzinationen	
	Enthemmung	
	Gleichgültigkeit	
	Schläfrigkeit	

Atemluft für die Zeit des Auftretens der Symptomatik entscheidend sind. Bei kontinuierlicher Sauerstoffatmung kommt es nach 48 Std in der Lunge zu Gefäßerweiterungen, Blutaustritten, Ödem und deutlicher Reduzierung der Vitalkapazität. Diese Veränderungen fanden sich auch in Versuchen an Freiwilligen. Nach Orzechowski wird durch physikalisch gelösten Sauerstoff und die starke Sättigung des Hämoglobins in Form von Oxyhämoglobin der Kohlensäurerücktransport behindert. Es kommt also zu einem Rückstau von Kohlensäure. Weiterhin treten bei der Sauerstoffvergiftung, abhängig von Druck und Zeit, chronische Krämpfe auf, während gleichzeitig die Körpertemperatur abfällt. Offenbar spielt hier eine Reduzierung der Verbrennungs- und Stoffwechselprozesse – vor allem durch Hemmung der SH-Enzyme – eine Rolle. Nach den Untersuchungen von Stadie u. Dickens (zit. von Orzechowski) können SH-Enzyme durch ihre Substrate wie Succinat oder Malat vor O_2 geschützt werden. Offensichtlich ist bei der O_2-Wirkung auf das cerebrale Gewebe die Oxydation von Pyruvat beteiligt; die neurotoxischen Wirkungen wurden auch durch Hemmung von Co-Faktoren wie Alpha-Lipoinsäure erklärt. Neben den SH-Enzymen werden der Tricarbonsäurezyklus und die Oxydationsenzyme blockiert, wobei es zu einer überschießenden Bildung freier Radikale kommt. Neben den Veränderungen an der Lunge wie Kongestionen, Ödemen, diffuser Fibrose, den neurotoxischen Erscheinungen mit zentralen Krämpfen kommt es bei der O_2-Vergiftung aber auch zu Wirkungen auf das Hypophysen-Nebennieren-System im Sinne typischer Streßreaktionen. Experimentelle Hypophysektomie oder Nebennierenrindenentfernung schützt vor der O_2-Vergiftung, Cortison verstärkt sie. Auch sympathikusblockende Substanzen entfalten ebenso eine Schutzwirkung wie Chlorpromazin, das die Sympathikuszentren dämpft. Entscheidend für die praktische Anwendung ist, daß Sauerstoffvergiftungserscheinungen oder Nebenwirkungen nur vorkommen, wenn reiner Sauerstoff über längere Zeit geatmet wird; schon die Unterbrechung der Sauerstoffatmung beim Betten des Patienten oder anderen therapeutischen und pflegerischen Maßnahmen genügt, diese Schädigungen zu verhindern. Bei Sauerstoffüberdruckbehandlung kommt es bei

1 atü nicht zur Schädigung bei Beobachtung der gleichen Sicherheitsmaßnahmen; erst bei 3 atü können nach 2 Std leichte Vergiftungserscheinungen beobachtet werden. Wichtig ist, daß die Expositionszeit möglichst kurz gehalten wird und daß hohe Drucke vermieden werden.

III. Die strahlenbiologische Sauerstoffwirkung

Bereits zu Beginn des Jahrhunderts erkannten die Strahlentherapeuten Hahn u. Schwarz, daß die Verminderung der Hautdurchblutung durch Applikation von Eiswasser oder durch Druckanämisierung zu einer Verminderung der Strahlenreaktion führte. Holthusen gelang es 1921 nachzuweisen, daß Askarideneier unter anaeroben Bedingungen zur Hemmung ihrer Entwicklungsfähigkeit eine dreifach höhere Dosis benötigen. Churchill-Davidson hat eine chronologisch-historische Übersicht über die weitere Entwicklung der strahlenbiologischen Erkenntnisse gegeben, und hierbei zeigten die Versuche von Hultborn (1952), Crabtree (1932), Lacassagne (1942), Howard-Flanders u. Moore sowie Gray, Elkind sowie Alper u. Howard-Flanders übereinstimmend, daß die Strahlensensibilität abhängig von Sauerstoffkonzentration und Partialdruck rasch ansteigt und dann ein Plateau erreicht. Im deutschen Schrifttum hat Dittrich an Ascites-Tumorzellen unter erhöhtem O_2-Druck vermehrt Chromosomenfragmente in der Ana- und Telophase nachweisen können. Grüssner u. Wieland fanden in experimentellen Untersuchungen, daß der Wirkungsgrad der Röntgenstrahlung nicht allein durch den Sauerstoffpartialdruck bzw. die Zahl der anoxämischen Tumorzellen beeinflußt wird, sondern auch durch die verabreichte Einzeldosis. Sie konnten zeigen, daß bei einer fraktionierten Bestrahlung wesentlich günstigere Effekte als bei Einzeitbestrahlung unter erhöhtem Sauerstoffpartialdruck erzielt wurden. Nach Untersuchungen von Van Putten u. Kallman kommt es bei einer fraktionierten Bestrahlung zu einer rascheren Elimination gut oxygenierter Zellen, wonach die bisher anoxischen Zellen in das Kompartiment der euoxischen einrücken. Daher wird von den Autoren wie auch von Rubin die fraktionierte Bestrahlung vorgezogen, wobei aber eine Sauerstoffüberdrucktherapie mit völliger Oxygenierung aller Zellen einer besseren Ausnutzung der Strahlung entspräche. Suit fand jedoch auch bei stark fraktionierter Strahlentherapie eine Verbesserung der Ergebnisse durch zusätzliche hyperbare Sauerstoffbehandlung. Allerdings sprechen seine klinischen Ergebnisse dafür, daß primär resistente Tumoren auf die Sauerstoffüberdrucktherapie nicht besser ansprechen; daraus kann gefolgert werden, daß die hypoxische Zelle nicht den einzigen Faktor für die hyperbare Sauerstofftherapie darstellt. Gut durchblutete Tumoren bzw. primär strahlenresistente Tumoren mit guter Durchblutung lassen ein besseres Resultat mit Sauerstoffüberdruckbehandlung vermissen. Da angenommen wird, daß der strahlensensibilisierende Effekt des Sauerstoffs auf einer Verstärkung des radiochemischen Folgeprozesses durch Anwesenheit vermehrter Radikale basiert, ist nach den Untersuchungen von Barendsen die Strahlensensibilisierungsrate abhängig von dem linearen Energietransfer der verwendeten Strahlung: Die strahlensensibilisierende Wirkung des Sauerstoffs sinkt mit steigendem LET. So ist z. B. das Verhältnis von 250 kV Röntgenstrahlen mit einem Wirkungsquotienten von 2,7 gegenüber 15 MeV Neutronen mit 1,5 oder 3,4 MeV α-Partikeln mit 1,15 sehr deutlich; schnelle Neutronen hängen also hinsichtlich ihrer deletären Strahlenwirkung wesentlich weniger vom Sauerstoffeffekt ab als andere ionisierende, in der Therapie verwendete Strahlungen. Die strahlensensibilisierende Wirkung des Sauerstoffs wird somit von mehreren Parametern bestimmt, und zwar in erster Linie von der lokalen Mikrozirkulation, d. h. dem Stroma des Tumors, danach von dem physikalisch gelösten Sauerstoff und damit der völligen Oxygenierung vorher anoxischer Zellen, von physikalischen Faktoren der Strahlung wie z. B. dem LET und letztlich von der primären Vulnerabilität bzw. unterschiedlichen Strahlensensibilität der Zelle selbst. Neben der Distanz der Zellen von den Capillaren ist auch die Durchflußgeschwindigkeit für die Sauerstoffversorgung der Tumorzellen von Bedeutung. Mit der Frage der Messung des Sauerstoffpartialdruckes im Gewebe während der Bestrahlung bei Inhalation verschiedener Gase sowie bei Gabe dilatatorisch wirkender oder die Zirkulationsgeschwindigkeit verändernder Pharmaka haben sich Vacek, Davidova u. Hoeck, Kruuv, Inch u. McCredie, Cater u. Silver sowie Kärcher u. Morita befaßt. Cater u. Silver benutzten wie die meisten anderen Autoren Platin- oder Golddrahtelektroden, die mit Araldit oder Teflon als sauerstoffpermeabler Membran umgeben waren. Sie wurden in kochendem Wasser sterilisiert und in Tumor- oder Normalgewebe eingebracht. Nach Lokalanästhesie wird zunächst eine Nadel eingestochen und die Elektrode dann durch die Nadel in das Gewebe vorgeschoben. Nach guter Isolation des Patienten auf einer Perspexunterlage und Eichung sowie Stabilisierung des Ampèremeters konnten konstante Ablesungen erhalten werden (Abb. 62). Cater u. Silver fanden bei Anwendung von Diathermie und Sauerstoffatmung eine Reduzierung der Sauerstoffpartialdrucke im Tumor. Bei Tumoren mit niedrigerem Sauerstoffpartialdruck führt bereits die Atmung von Sauerstoff bei atmosphärischem Druck zu einer Verbesserung. Die Verschlechterung des Sauerstoffpartialdruckes durch Erweiterung der tumoreigenen Gefäße wird auch von Kruuv u. Mitarb. nach Gabe von Amylnitrit bestätigt. Auch Bestrahlung führt zu einer Verminderung des Partialdruckes, wie von Vacek

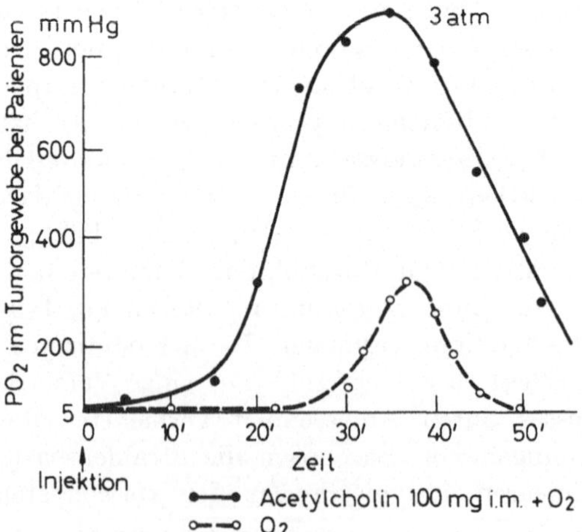

Abb. 62. Verhalten des PO_2 im Tumorgewebe bei 3 atü und bei zusätzlicher Injektion von 100 mg Acetylcholin

u. Mitarb. nachgewiesen werden konnte. Die Reduktion dauert vor allem im Muskel auch nach der Bestrahlung noch an. Die Tatsache, daß es nach Untersuchungen von Petzold u. Fiedler nach Cholin-Infusionen zu einer erheblichen Zunahme des Sauerstoffgehaltes im arteriellen Blut der Peripherie kommt, veranlaßte auch uns, vor Einführung der Sauerstoffüberdrucktherapie in der Strahlentherapie zu experimentellen Untersuchungen über die biochemischen Veränderungen nach Einwirkung hyperbaren Sauerstoffs auf den Gesamtorganismus sowie auf die einzelnen Organe mit und ohne Strahleneinwirkung. Außerdem untersuchten wir die verstärkende oder dämpfende Wirkung von Pharmakotherapeutika auf den Sauerstoffeffekt. Darüber hinaus interessierten uns das histologische Verhalten transplantabler Tiertumoren und menschlichen Tumorgewebes mit und ohne hyperbare Strahlentherapie, die histologischen Kriterien der Veränderungen unter hyperbarem Sauerstoff bei Normalgewebe und ionisierender Strahlenwirkung und nicht zuletzt die von zahlreichen Autoren unterschiedlich beantwortete und immer noch diskutierte Frage der Wirkung erhöhter Sauerstoffspannung auf das Wachstum von Tumoren. Die Behauptung der Kliniker (Plenk u. Card sowie Johnson), während der Strahlentherapie in hyperbarem Sauerstoff nähmen die Fernmetastasen deutlich zu und es bestehe die Möglichkeit, daß die wiederholte Unterdrucksetzung in reinem Sauerstoff die Rate der Metastasierung erhöhe (Cade u. McEwen), konnte von zahlreichen Untersuchern in Tierversuchen nicht bestätigt werden. Dettmer, Kramer, Gottlieb, Aponte u. Driscoll fanden in Abhängigkeit von Sauerstoffpartialdruck und Einwirkung eher eine Wachstumshemmung und Abnahme der Metastasen. Zu ähnlichen Resultaten kamen auch McCredie, Inch, Kruuv u. Watson sowie Kärcher u. Morita.

IV. Physikalische Faktoren

Von Bedeutung für die Bestrahlung im Sauerstofftank ist die Veränderung der relativen Tiefendosis durch die Plexiglasfenster oder Wände je nach Ausführung der Kammer sowie durch den Sauerstoffdruck. Die Messungen von Wootton, Holloway u. Campel sowie Rost aus unserem Arbeitskreis konnten zeigen, daß sich bei Verwendung von Kobalt-γ-Strahlung zwar die Oberflächendosis durch Verringerung des Aufbaueffektes vermehrt, der Verlauf der Tiefendosiskurven aber dem der außerhalb des Tanks gemessenen weitgehend entspricht. Auch der Einfluß des Sauerstoffdruckes ist nur von ganz geringer Bedeutung für den Dosiskurvenverlauf. Ähnliche Verhältnisse fand Rost für Photonen und Elektronen eines 15 MeV-Betatrons. Zu ähnlichen Ergebnissen kamen Meurk u. Edelsack bei Verwendung von Lithiumfluorid-Dosimetern. Eine weitere sehr wichtige Frage für die Sauerstofftherapie in der Strahlentherapie ist die ausreichende Sauerstoffsättigung des Tumorgewebes und damit die Eruierung der nötigen Gesamtbehandlungszeit. Hierzu hat Wootton polarographische Messungen in der Cubitalvene während der Sauerstoffüberdruckatmung durchgeführt. Er kommt zu der Auffassung, daß für eine ausreichende Sauerstoffsättigung im Gewebe ein äußerer PO_2 von 444 mm Hg erreicht werden muß. Der venöse PO_2 wird 5 min nach Erreichen des vollen Druckes auf 1000 mm Hg ansteigen, und von dieser Zeit an benötigt das Gewebe 7–10 min zu einer völligen Sauerstoffsättigung. Diese Überlegungen basieren auf der Kalkulation, daß nach Thomlinson u. Gray (zit. von Wootton) kein Tumorknoten, der größer als 200 μ im Radius ist, ohne zentrale Nekrose gefunden wird. Nach Warburg u. Mitarb. ist die Sauerstoffverbrauchs- und Diffusionsrate in verschiedenem Gewebe bis zu einem kritischen Radius von 145 μ effektiv. Ohne Berücksichtigung der Annahme einer 400 mm im Durchmesser betragenden Tumorausdehnung und eines PO_2 von 10 mm Hg, den man mindestens erreichen muß, kommt man letzten Endes zu der Notwendigkeit der genannten Zeiten für die Sauerstoffsättigung nach Erreichen vollen Druckes. Für die klinische Praxis erscheint es daher von Interesse, die Tumorknotengröße zu kennen und individuell bei Bemessung der Sättigungszeit zu berücksichtigen, da Messungen in jedem Falle mit dem Polarographen zu aufwendig und umständlich sein dürften. Eine besondere Schwierigkeit bei der Durchführung der Sauerstoffüberdrucktherapie in der Strahlentherapie bildet der typische Fraktionierungsmodus mit täglicher Bestrahlung. Er würde eine sehr häufige Druckbehandlung erfordern, die sowohl für Patienten als auch für das Personal eine außerordentliche körperliche und psychische Belastung darstellen würde. Aus diesem Grunde haben die meisten Strahlentherapeuten zunächst wenige hohe Einzeldosen angewendet und später das Verfahren so modifiziert, daß zweimal wöchentlich 500–600 R am Herd gegeben werden. Wildermuth gab anfangs dreimal 600 R wöchentlich und nach einer zweiwöchigen Pause die gleiche Dosis bis zu einer Gesamtdosis von 3600 R innerhalb von 4 Wochen. Bei einem Fall von Larynx-Ca wurde diese Dosis in 12 Fraktionen verabreicht; nach einer Gesamtdosis von 3400 R wurde die Laryngektomie durchgeführt. Die histologischen Untersuchungen zeigten, daß diese Dosierung zu einer guten Erhaltung des Knorpelgewebes ohne wesentliche Chondritis und zu guter Rückbildung des Tumors führt. Die ausführlichste Darstellung zu diesem Thema findet man bei Van den Brenk, Madigan u. Kerr. Diese Autoren haben mit Gesamtdosen von 2000–3600 R am Herd und Einzelfraktionen zwischen viermal 725, sechsmal 500 und dreimal 1000 rad sowie verschiedenen Bestrahlungsintervallen gearbeitet. Sie kommen nach Abschluß ihrer sehr ausgedehnten und exakt durchgeführten Untersuchungen zu dem Schluß, daß fortgeschrittene und rezidivierende maligne Tumoren des digestiven, respiratorischen und Urogenitaltraktes sowie des Bindegewebes mit Sauerstoffüberdruck-Strahlentherapie noch erfolgreich behandelt werden können. Die mittlere Tumordosis, die eine etwa 50%ige Tumorbeseitigungsrate ergibt, wird mit dreimal 900 rad, viermal 725 rad oder sechsmal 550 rad im Zeitraum von 3–4 Wochen erreicht. Eine Dosierung von dreimal 1000 bzw. sechsmal 600 rad in der gleichen Zeit führt zu heftigeren Strahlenreaktionen, raschen Einschmelzungen und großen Gewebsdefekten. Sowohl die Ein-Jahres-Überlebensrate als auch die Tumorbeseitigungsquote ist in dieser Untersuchungsreihe eindeutig besser als bei Patienten, die mit der täglichen Fraktionierung in Luft bestrahlt wurden.

V. Strahlensensibilität

Selbstverständlich wird in zahlreichen Arbeiten die Frage nach der gesteigerten Strahlensensibilität des Normalgewebes gestellt und immer wieder diskutiert, ob bei der höheren Einzeldosis und bei einer Fraktionierung, die von den bisher üblichen Schemata abweicht, mit der zusätzlichen Anwendung von Sauerstoffüberdruck nicht schwerwiegende Behandlungsschäden der gesunden Umgebung bzw. Organe in Kauf genommen werden müssen, die den Behandlungserfolg in Frage stellen. Churchill-Davidson berichtet über stärkere Reaktion des Knorpelgewebes, wobei es gewöhnlich 6–9 Monate nach der Bestrahlung zu Radionekrose kam. Allerdings wurden diese Veränderungen unter Dosen von 1000–1500 rad beobachtet; ihre Häufigkeit und Intensität ging nach Reduzierung der Dosis deutlich zurück. Eine unterschiedliche Hautreaktion konnte Churchill-Davidson nicht nachweisen; dagegen fand Van den Brenk experimentell nach Applikation von Strontium 90-β-Strahlung eine deutliche Zunahme der Strahlenreaktion der Haut unter Sauerstoffüberdruck. Die Reaktion der Schleimhaut war unterschiedlich stark, der Knochen reagierte genau wie bei Bestrahlung in Luft. Nach Churchill-Davidson kommt auch die subkutane Fibrose nach Bestrahlung in Sauerstoffüberdruck in gleicher Häufigkeit vor wie bei Bestrahlung in Luft. Bei der Bestrahlung von Bronchialtumoren schien es ihm zu einer geringgradigen Vermehrung der Lungenfibrose zu kommen, die er auf die Tatsache zurückführte, daß die Patienten länger lebten als bei Bestrahlung in Luft. Van den Brenk, Madigan u. Kerr fanden keine deutliche Zunahme der Strahlenpneumonie gegenüber Bestrahlung in Luft, wenn die Felder nicht zu groß gewählt wurden und wenn mit der niedrigeren Fraktionierung bestrahlt wurde. Sowohl am Auge als auch am Gehirn und Rückenmarkgewebe scheint unter Sauerstoffüberdruck eine erhöhte Strahlensensibilität vorzuliegen. Wird jedoch mit optimaler Einstellungstechnik und niedrigerer Dosierung gearbeitet, ist das Risiko der Entwicklung einer Strahlenmyelitis auch nicht höher als bei Bestrahlung in Luft.

Am Intestinum wird über akute und späte Darmschädigung berichtet, wobei es zu Verlegung des Darms und Fibrose im kleinen Becken kommen kann. Churchill-Davidson weist darauf hin, daß dies vor allem bei Anwendung der hohen Einzeldosis der Fall ist; auch Van den Brenk u. Mitarb. zeigen, daß nach Reduzierung der Fraktionierung auf sechsmal 500 rad die Störungen während der Therapie durch Diarrhoe und allgemeines Übelsein geringer sind. Besondere Aufmerksamkeit muß Adhäsionen beim Carcinom im kleinen Becken geschenkt werden, da sich hier Perforationen, Strikturen und Nekrosen des Darmes relativ rasch entwickeln, so daß schwere Strahlenschäden entstehen können. Wenn die genannten Vorsichtsmaßregeln und Faktoren jedoch beachtet werden, ist nach den Erfahrungen von Churchill-Davidson sowie Van den Brenk u. Mitarb. bei Bestrahlung in Sauerstoffüberdruck nur eine geringgradige Steigerung der Strahlensensibilität des Intestinums zu beobachten. Ähnliche Verhältnisse finden sich auch bei der Blase. Man sollte Blasentumoren, die mit schwerer Cystitis, Behinderung der Harnausscheidung oder einer Nierenschädigung einhergehen, von einer solch intensiven Strahlentherapie ausschließen.

Analysiert man die bisher existierenden Berichte über die klinischen Ergebnisse der Strahlentherapie unter Sauerstoffüberdruck, so muß man mit den zahlreichen Arbeiten von Churchill-Davidson beginnen, dem das Verdienst gebührt, sehr bald nach den experimentellen Untersuchungsergebnissen von Gray, Howard-Flanders, Thomlinson, Hewitt und anderen diese Verfahren in großem Stil in die Strahlentherapie eingeführt zu haben.

Seit 1955 wurden 235 Patienten bestrahlt, deren Tumoren lokal zu weit fortgeschritten waren, um mit einer konventionellen Radiotherapie angegangen zu werden. Patienten über 65 Jahren wurden von der Behandlung ausgeschlossen. Zunächst wurde bis 1960 mit 4 atü Überdruck unter Anästhesie bestrahlt. Seit 1961 werden 3 atü ohne Anästhesie angewendet; allerdings wird bei allen Patienten vor der Behandlung eine Myringotomie vorgenommen. Hierbei beträgt die Kompressionszeit 10–15 min, die Sättigungszeit 15 min, die Behandlungszeit 15 min und die Dekompressionszeit 5 min. Gleichzeitig werden EKG, Kammertemperatur, Pneumotachometer, 2-Wege-Lautsprecher und ein Polarograph als Registrier- und Sicherheitseinrichtungen verwendet. Die Gesamtüberlebenszahlen sind nach einem Jahr in Sauerstoff 40 %, in Luft 17 %, nach 5 Jahren in Sauerstoff 9 %, in Luft 0 %. Hierbei beträgt die Sterilisationsrate histologisch geprüft 20 % in Sauerstoff, in Luft 3 %. Eine sehr deutliche Besserung von regionären Lymphknotenmetastasen findet sich in Sauerstoff bei 73 %, in Luft bei 25 %. Als Komplikationen traten unter 850 Behandlungen 4 Konvulsionen bei 3 atü ohne Folgen auf. Über ein sehr großes Material verfügen Van den Brenk, Kerr u. Madigan. Auch sie bestrahlten nur inoperable und rezidivierende Tumoren der Klassifikation T 3+4 N 2+3, und zwar insgesamt 614 Fälle. Zur Bestrahlung wurden Röntgenstrahlen eines 4 MeV-Linearbeschleunigers verwendet. Als Komplikationen beobachtete diese Gruppe in weniger als 2 % Ablehnung der Therapie, in 3 % Konvulsionen. Primärtumoren wurden zu 64 % in Sauerstoff und zu 27 % in Luft sterilisiert, Lymphknoten zu 75 % in Sauerstoff und zu 27 % in Luft. Die 2 Jahres-Überlebenszeiten veränderten sich jedoch statistisch nicht signifikant. Weitere klinische Mitteilungen existieren von Wildermuth, Cade, Plenk, Johnson, Seaman, Peracchia, Riebling sowie Kärcher u. Mitarb. Wildermuth bestrahlte bis 1965 460 Patienten; er kommt zu der Auffassung daß die Resultate im allgemeinen nicht spektakulär seien. Zwar sprechen die Tumoren rascher und auf niedrigere Gesamtdosen an, jedoch sind die Überlebenszahlen statistisch nicht unterschiedlich. Cade, der 196 Patienten mit Sauerstoffüberdruck-Strahlentherapie behandelte, führte eine exakte Vergleichsstudie mit Bronchial- und Blasencarcinomen durch und stellte bei Vergleich der Überlebenszeiten nach 24 Monaten keine unterschiedlichen Resultate fest, d. h. er nennt die Resultate in Anbetracht des großen Aufwands mehr oder weniger enttäuschend. Auch Plenk hat an 167 Bronchialcarcinomen und Tumoren von Kopf und Hals eine Vergleichsserie durchgeführt. Er kam gleichfalls zu der Auffassung, daß Strahlentherapie mit hyperbarem Sauerstoff zwar zu einer rascheren Tumorregression unter niederen Dosen führt als bei konventioneller Technik, ein endgültiges Urteil aber erst nach größeren Vergleichszahlen gegeben werden kann. Johnson untersuchte die Erfolge der Strahlentherapie in hyperbarem Sauerstoff bei Patientinnen mit Cervixcarcinom des Stadiums III und IV und stellte fest, daß nach den ersten 6 Monaten 25 % der Patientinnen der Sauerstoffgruppe durch Fernmetastasierung gestorben sind — gegenüber nur 5 % der in Luft bestrahlten Patientinnen. Nach 6 Monaten sind 45 % der Sauerstoffgruppe am Leben und frei von lokalem Tumor, während von der in Luft bestrahlten Gruppe nur 20 % frei von Tumor sind. Es kommt also zu einer vermehrten Fernmetastasierung und einem rascheren Absterben bei der Patientengruppe, die in Sauerstoffüberdruck bestrahlt wird; allerdings ist der lokale Bestrahlungserfolg in den ersten 6 Monaten bei der Sauerstoffüberdruckbestrahlung eindeutig besser. Seaman bestrahlte 25 Patienten mit Glioblastoma multiforme bzw. Tumoren im Hals-Nasen-Ohren-Bereich mit den Röntgenstrahlen eines 24 MeV-Betatrons. Er kommt zum gleichen Ergebnis: Unter Sauerstoffüberdruck war die Rückbildung der Tumoren sowie vor allem der cervikalen Lymphknoten rascher und deutlicher. Die Überlebenszeit von Glioblastoma-multiforme-Patienten nach 6 Monaten schien bei Sauerstoff leicht gebessert zu sein. Die Zahlen von Peracchia, Riebeling sowie Kärcher u. Mitarb. liegen zwischen 15 und 30 bisher bestrahlten Patienten, wobei auch hier betont wird, daß die gute Rückbildung großer Tumoren unter Sauerstoffüberdruck auffallend ist, daß für eine statistische Aussage über bessere Endergebnisse diese Behandlungszahlen jedoch noch zu klein sind.

VI. Eigene experimentelle und klinische Untersuchungen während der Strahlentherapie unter hyperbarem Sauerstoff

Angeregt durch die experimentellen und klinischen Untersuchungen über den Sauerstoffeffekt in den anglo-amerikanischen Ländern, haben auch wir 1965 in Heidelberg begonnen, auf der Basis der bereits bekannten Tatsachen einzelne noch unklare oder diskutierte Fragestellungen dieses Sachgebietes zu bearbeiten. In einer selbstgebauten Plexiglasüberdruckkammer für Tierversuche wurde die Strahlensensibilität des Normalgewebes bei Sauerstoffüberdruck bis zu 3 atü sowie bei verschiedenen Mischungsverhältnissen von Sauerstoff und Kohlendioxyd unter gleichzeitiger Ganzkörperbestrahlung mit Gamma-Strahlung eines

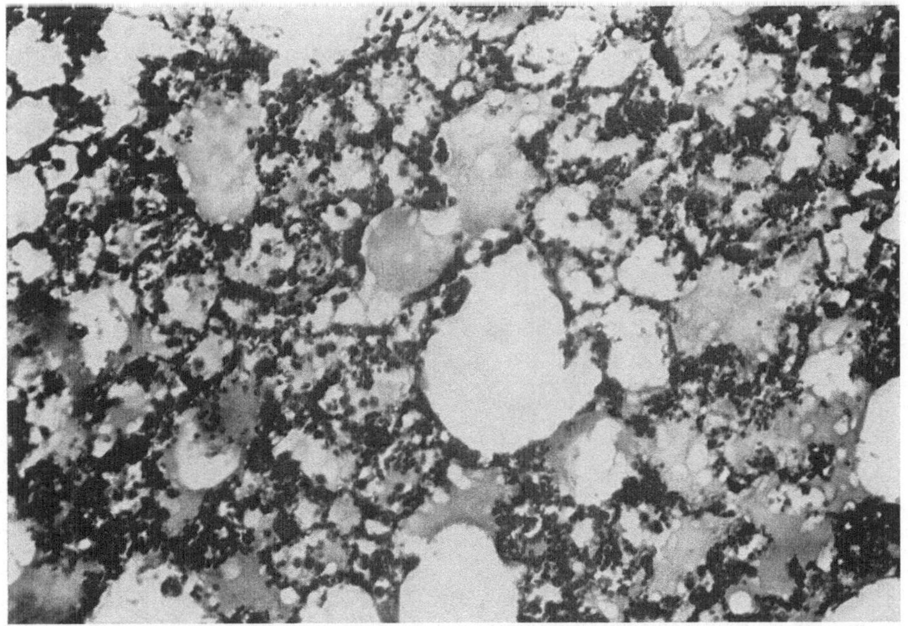

Abb. 63. Akutes Lungenödem nach Beatmung mit einem Gemisch von 95 % O_2 und 5 % CO_2

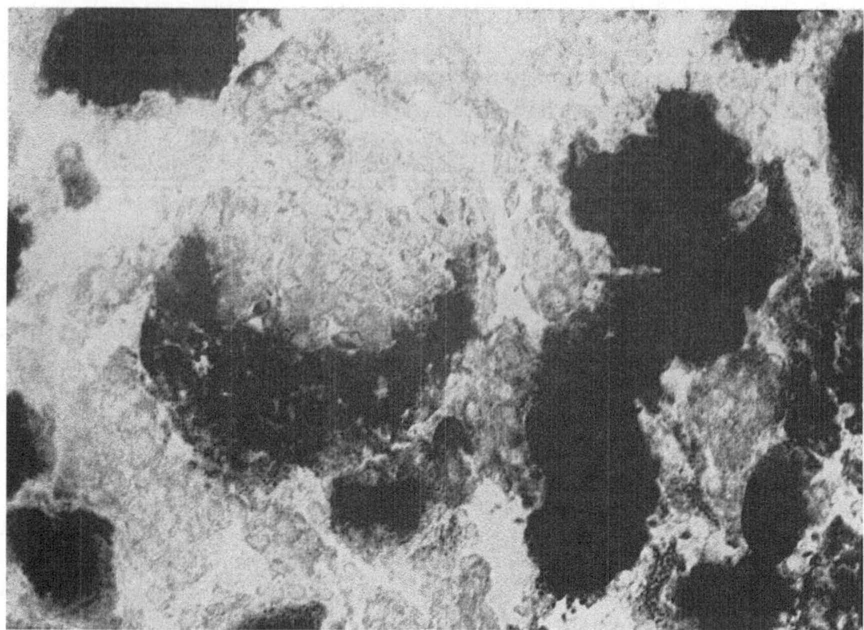

Abb. 64. Darstellung der alkalischen Phosphatase der Rattenniere nach Ganzkörperbestrahlung (500 R) bei Atmung von O_2/CO_2-Gasmischung unter Überdruck. Die normalerweise negative Reaktion der Glomerula ist teils halbmondförmig oder komplett positiv

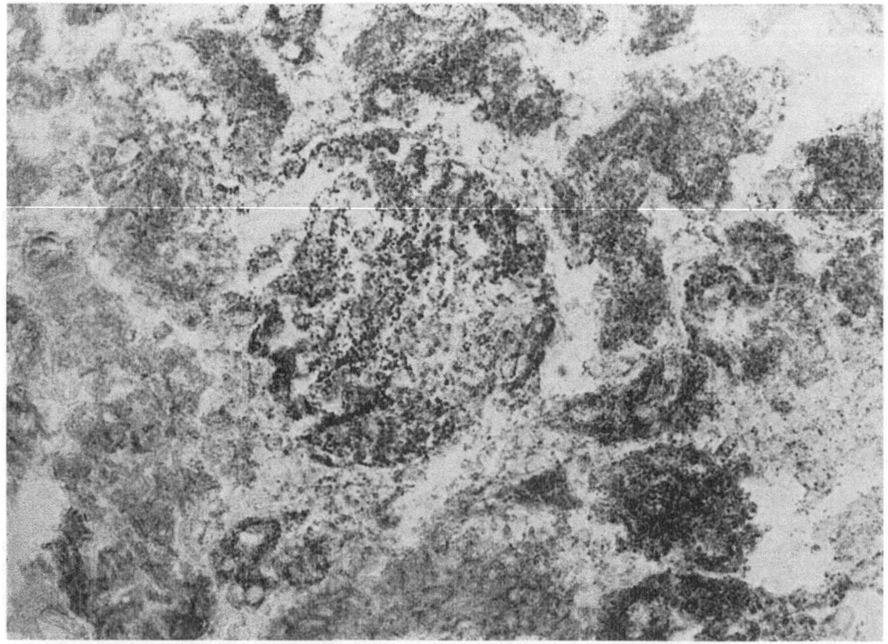

Abb. 65. Bei gleichen Bedingungen wie bei Abb. 64 wird auch die Leucin-aminopeptidase-Reaktion im Glomerulum positiv, die normalerweise negativ ist

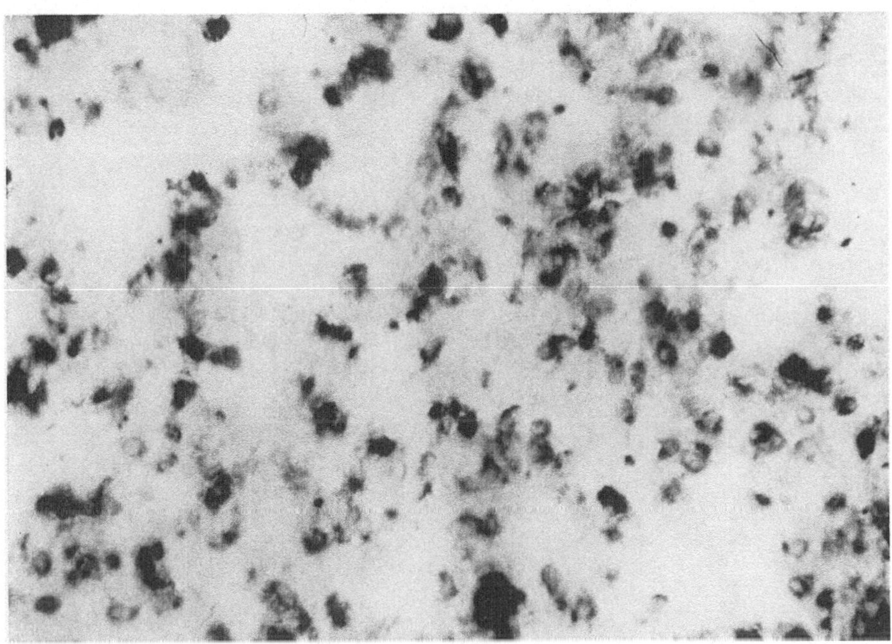

Abb. 66. Reaktion der alkalischen Phosphatase in der Rattenlunge. Darstellung der Capillaren

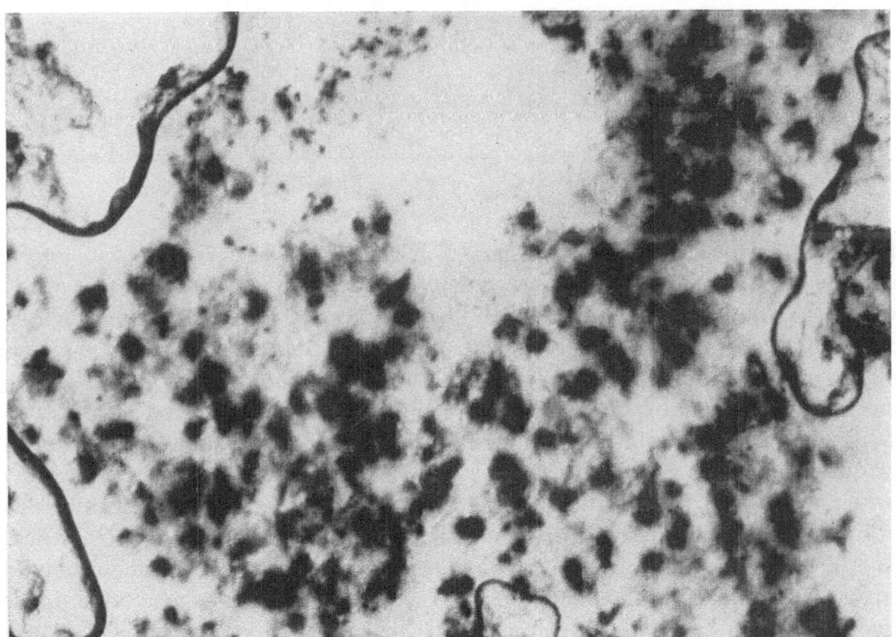

Abb. 67. Wesentliche Verstärkung der Reaktion, Füllung und Zahl der Capillaren sowie Diffusion in das Parenchym nach Ganzkörperbestrahlung unter O_2-Überdruck

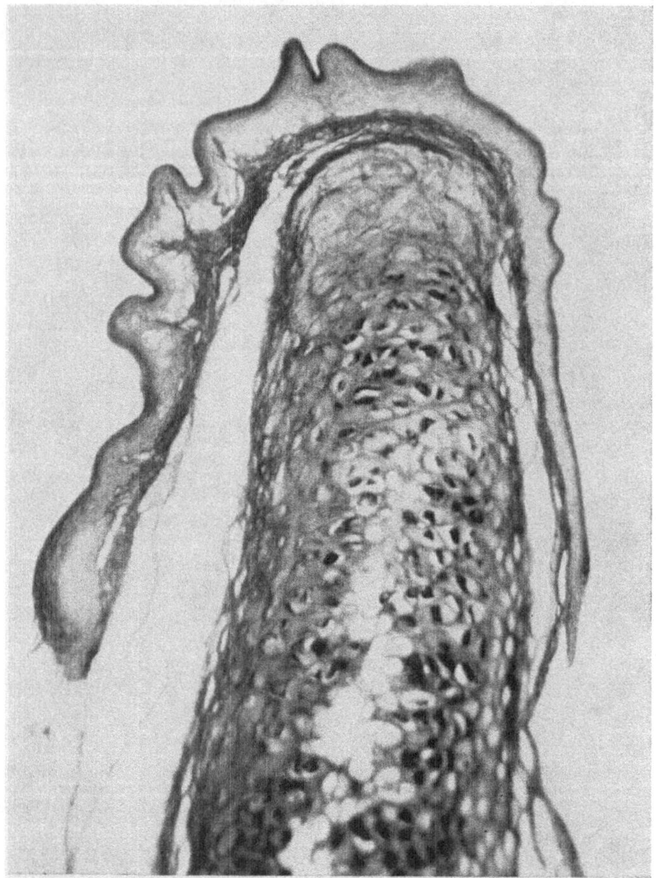

Abb. 68. Unbestrahlter Kehlkopfknorpel des Kaninchens. PAS-Alcianblau-Reaktion

Caesa-Gammatrons untersucht. Bittner, Ulrich u. Behschad konnten zeigen, daß eine O_2-CO_2-Mischung (95 % Sauerstoff, 5 % Kohlendioxyd) und Ganzkörperbestrahlung sowie Lokalbestrahlung des Walker-Carcinosarkoms nicht zu einer meßbaren Erhöhung der Strahlensensibilität normaler Organe oder des Tumorgewebes führten. Bei Erhöhung des Druckes kommt es bei 3 atü Gesamtdruck unter Anwendung dieser O_2-CO_2-Mischung zu einer raschen Intoxikation mit Absterben einer großen Anzahl der Tiere durch Lungenödem, das offensichtlich durch die großen Mengen CO_2, die bei 3 atü im Blut gelöst werden, hervorgerufen wird (Abb. 63). Eine Sauerstoffüberdruckatmung reinen Sauerstoffs bei 3 atü wurde während dieses Zeitraums von den Ratten gut vertragen. Offensichtlich führt die zusätzliche Lösung von Kohlendioxyd zu einer raschen Verstärkung der Intoxikation, die nach Detrick (zit. nach Bittner) Ursache des Lungenödems sein kann. Bei fermenthistochemischen Untersuchungen gelang es Ulrich zu zeigen, daß die Strahlensensibilität des Darmes, der Niere und der Lunge bei 3 atü Überdruck und einer Ganzkörperbestrahlung mit 800 R deutlich an-

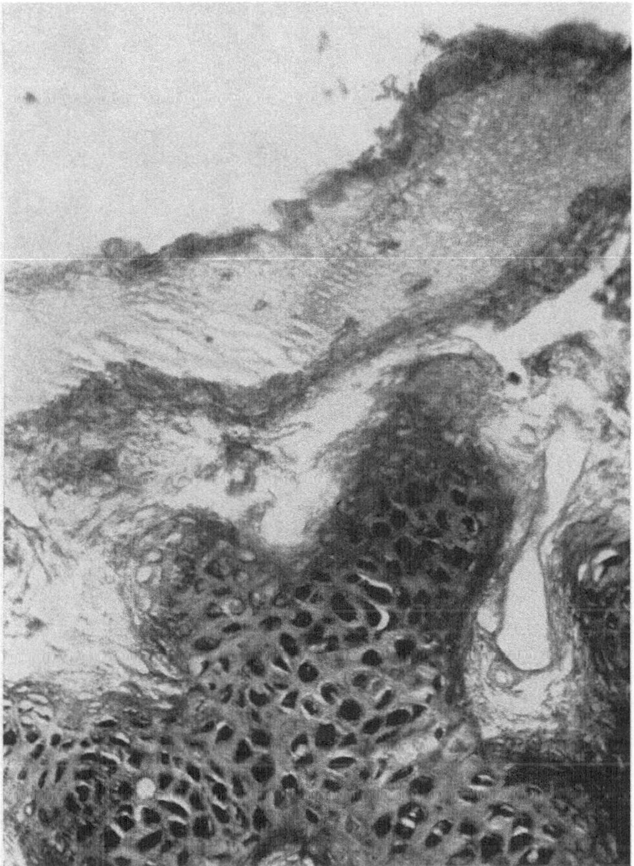

Abb. 69. Verdickung der Schleimhaut, Verbreiterung der Basalmembran und Verschiebung der sMPS-Relation nach 1000 R γ-Strahlung in Luft

steigt. Der Nachweis gelingt mit einer Verstärkung der Gefäßdarstellung durch die alkalische Phosphatase am Lungengewebe bzw. der Glomerula im Sinne halbmondförmiger Anfärbung der alkalischen Phosphatase oder kompletter Anfärbung mit der Leucinaminopeptidase bzw. durch einen starken Aktivitätsverlust des Nierengewebes bei Anstellung der DPN-Diaphorase-Reaktion nach der Bestrahlung unter Sauerstoffüberdruck (Abb. 64–67). Die Tatsache, daß die Co-Enzymreaktion der DPN-Diaphorase nach Sauerstoffüberdruck stark blockiert erscheint und im Gegensatz hierzu die alkalische Phosphatase und Leucinaminopeptidase im Glomerulum und den Lungengefäßen verstärkt ist bzw. an Stellen positiv wird, die vorher negativ waren, zeigt, daß die Induktion dieser Fermente durch verstärkte entzündliche Prozesse in Gang kommt. Diese histochemischen Reaktionen weisen zu einem frühen Zeitpunkt wesentlich eindrucksvoller auf die funktionellen Schädigungen hin, die durch Sauerstoffüberdruck bei der Strahlentherapie deutlicher sind als bei der Bestrahlung in Luft.

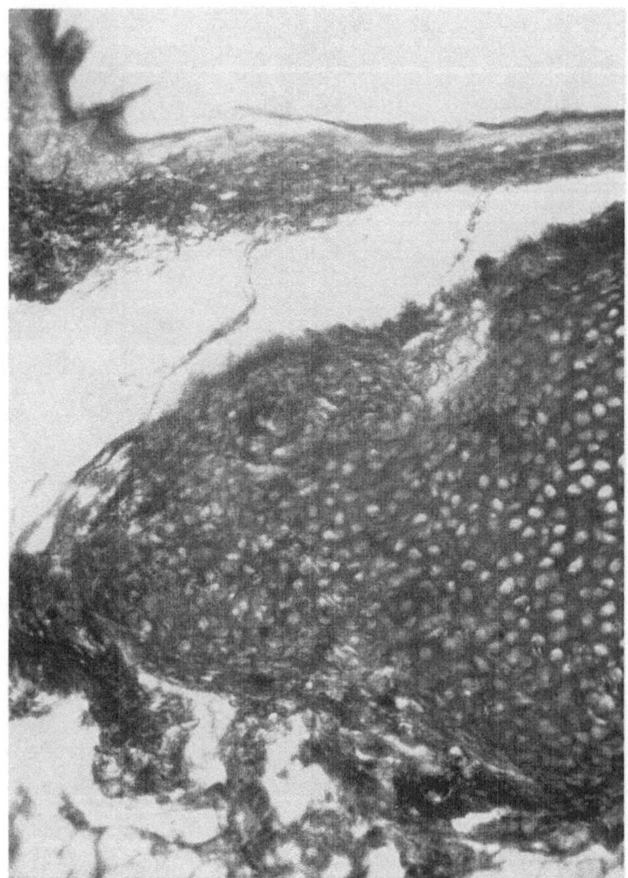

Abb. 70. Wesentlich stärkere Reaktion nach Bestrahlung in reinem O_2 bei 3 atü. Fast reine PAS-Anfärbung, beginnende Knorpelnekrose und schwere Schleimhautdestruktion

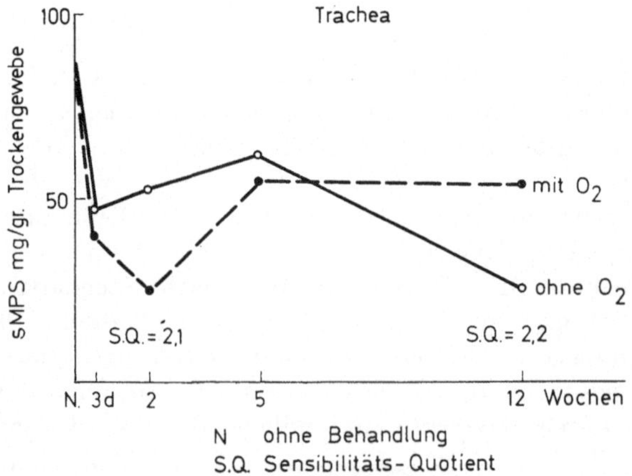

Abb. 71. Verhalten der sMPS bei Bestrahlung in Luft und in hyperbarem Sauerstoff in der Kaninchentrachea

Gleichermaßen kann Hansen am Knorpel des Kaninchenkehlkopfes und der Kaninchentrachea sowohl histologisch-histochemisch als auch biochemisch durch quantitative Bestimmung des Gehaltes der sauren Mucopolysaccharide (sMPS)

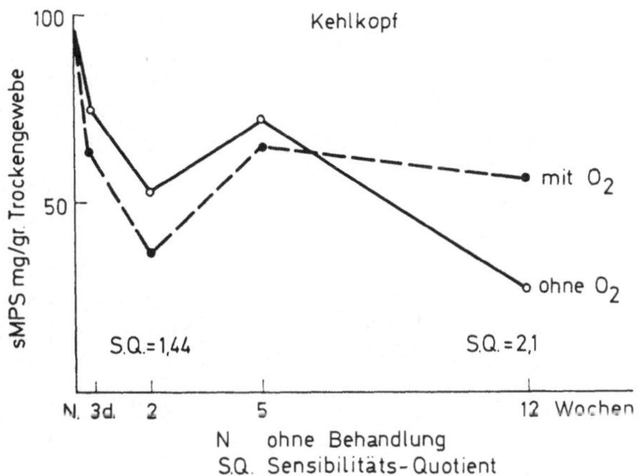

Abb. 72. Gleiche Verhältnisse am Kaninchenkehlkopf

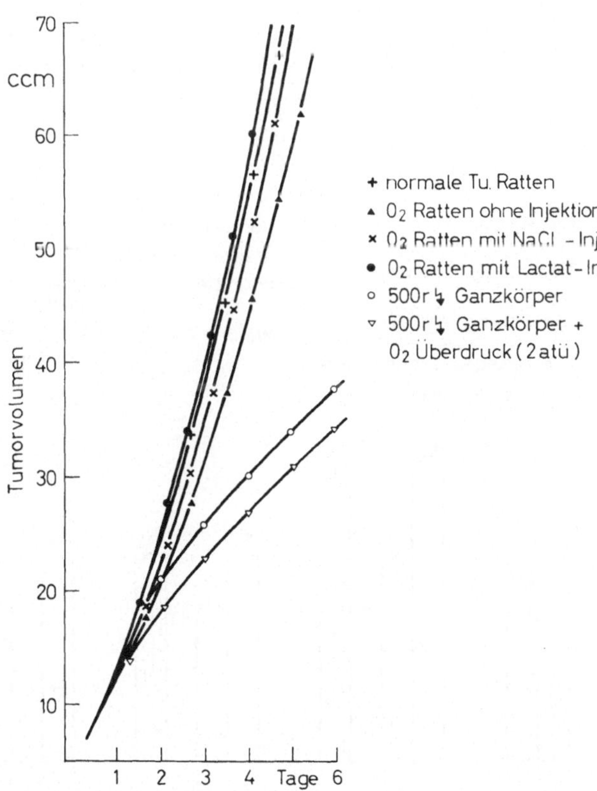

Abb. 73. Tumorwachstumskurve des Walker-Carcinosarkoms der Ratte bei Bestrahlung in Luft und hyperbarem Sauerstoff

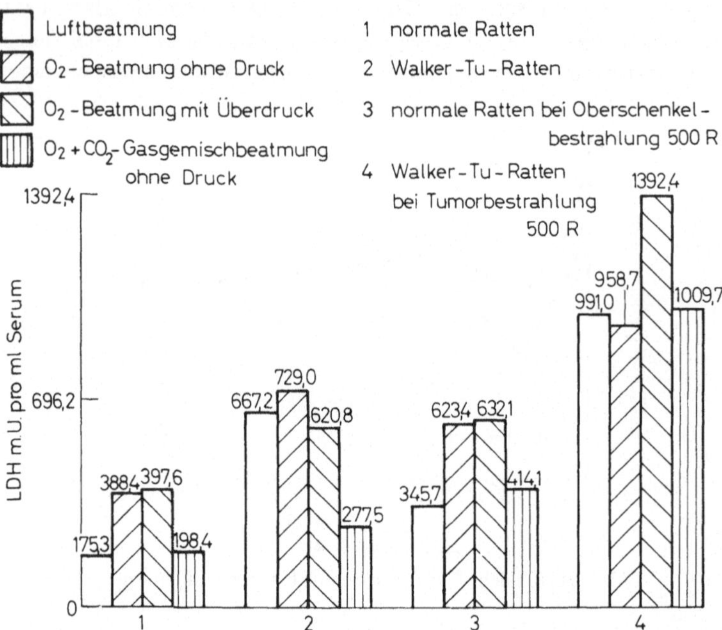

Abb. 74. Verhalten der LDH im Serum der Ratte bei verschiedenen Bedingungen mit und ohne Bestrahlung des Tumors. Eindeutig stärkste Tumorschädigung unter hyperbarem Sauerstoff durch den LDH-Anstieg belegt

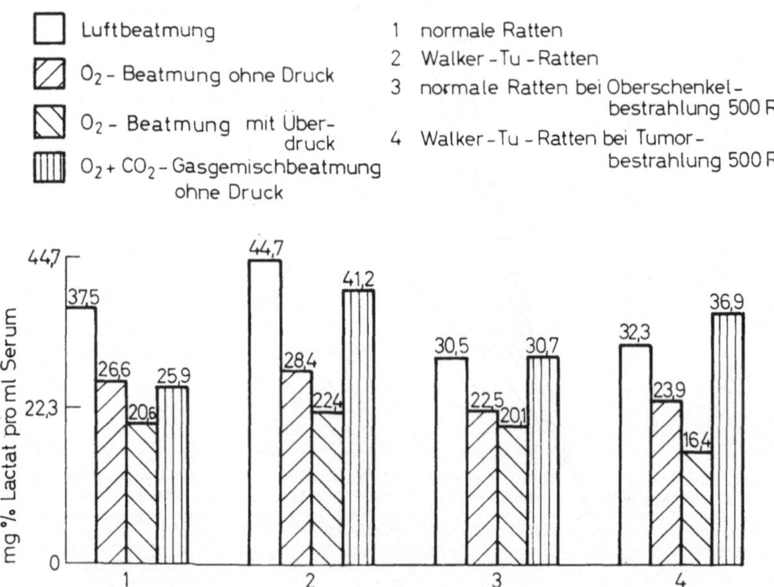

Abb. 75. Auch das gegensinnige Verhalten des Serumlaktats bei gleichen Bedingungen spricht für die stärkste Beeinflussung des Tumorstoffwechsel unter hyperbarem Sauerstoff

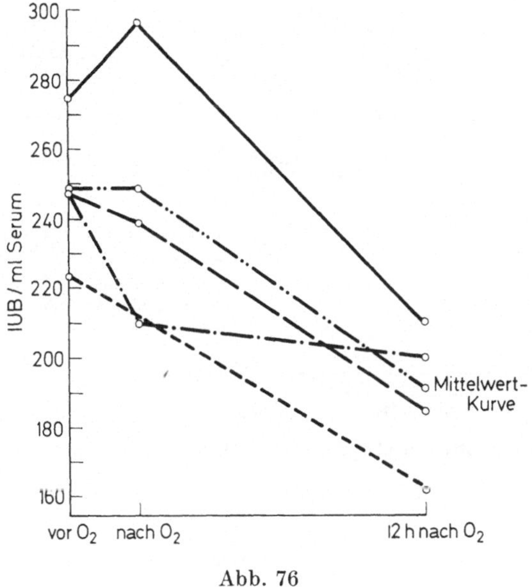

Abb. 76

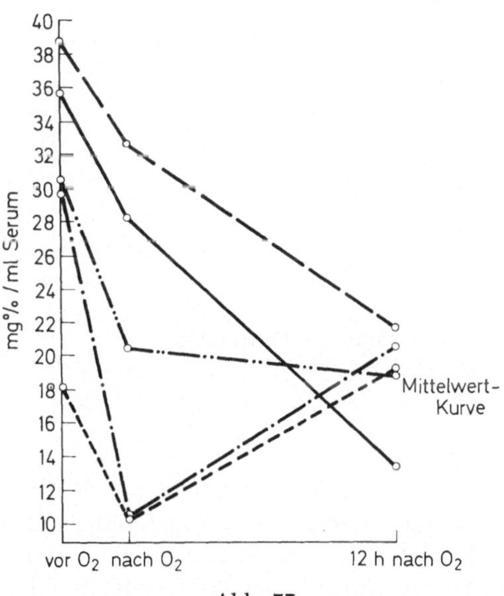

Abb. 77

Abb. 76 u. 77. Verlaufsbeobachtung des LDH- und Laktatspiegels bei Tumorpatienten nach Einwirkung hyperbaren Sauerstoffs

zeigen, daß Knorpel unter Sauerstoffüberdruck sowohl morphologisch als auch funktionell stärker reagiert als unter Bestrahlung in Luft (Abb. 68–72).

Die biochemischen Untersuchungen von Kärcher, Morita und Behschad sowie die gleichzeitig durchgeführten Messungen des Sauerstoffpartialdruckes

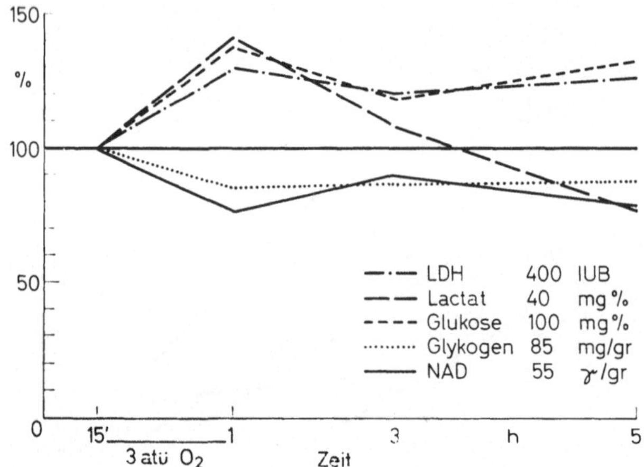

Abb. 78. Stoffwechselwirkung bei alleiniger O_2 Überdruckatmung

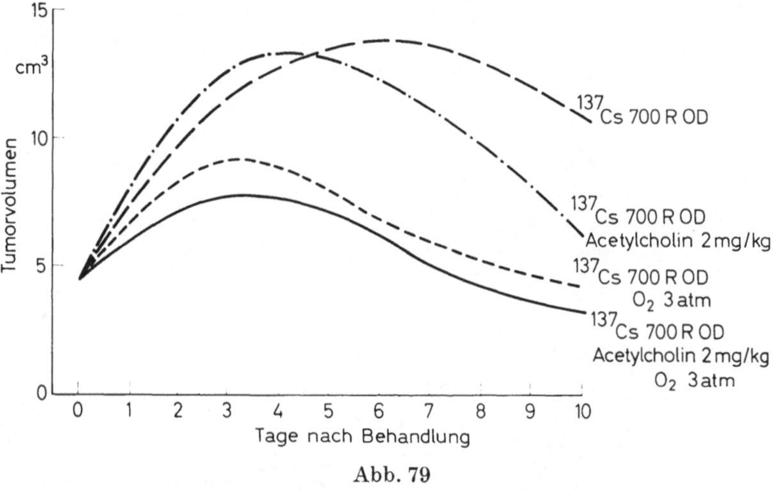

Abb. 79

in Normal- und Tumorgewebe zeigen ebenfalls die deutlich stärkere Wirkung der ionisierenden Strahlung unter 2–3 atü Sauerstoffüberdruck auf die Tumorwachstumsrate und den Stoffwechsel. Gleichzeitig werden von diesen Untersuchern die Einflüsse von 3 atü Sauerstoffüberdruck ohne Bestrahlung der zusätzlichen Anwendung der Bestrahlung gegenübergestellt. Es zeigte sich, daß die Wachstumskurven von Experimentaltumoren durch Sauerstoffüberdruck allein nicht verändert werden; auch die Verhältnisse der einzelnen Mitosephasen (Abb. 73) bleiben mit und ohne Sauerstoffüberdruck praktisch gleich. Auch die biochemischen Reaktionen werden durch die zusätzliche Bestrahlung gegenüber einer alleinigen Sauerstoffüberdrucktherapie deutlich verstärkt (Abb. 74 u. 75). Daß der Sauerstoffüberdruck allein – ohne Strahlenbehandlung – bereits intensive Rückwirkungen auf zahlreiche Reglermechanismen des Organismus hat, wie es von

Orzechowski ausführlich erwähnt wurde, zeigen die Untersuchungen von Morita über das Verhalten von Laktat, Glucose, Glykogen, Co-Ferment NAD, LDH mit und ohne zusätzliche Injektion von Insulin, Adrenalin und Steroid (Abb. 76—78). Auch die von Rubin, Cater u. Silver und anderen Autoren erwähnten Mikrozirkulationseinflüsse auf den Sauerstoffpartialdruck wurden mit Hilfe der Messung des PO_2 bei gleichzeitiger Gabe von Acetylcholin und dem Nicotinsäureester Complamin® bestätigt. Acetylcholin allein führt schon zu einer Erhöhung des O_2-Partialdruckes im Gewebe; bei zusätzlicher Anwendung von O_2-Überdruck wird er noch deutlich gesteigert. Besonders eindrucksvoll ist dies bei einer schlechten PO_2-Ausgangslage im Tumorgewebe. Gleichlaufende Versuche über den Einfluß von Acetylcholin auf die Rückbildung transplantabler Tiertumoren mit und ohne Anwendung von Sauerstoffüberdruck während der Strahlentherapie bestätigen diese Tatsache durch eine raschere Rückbildungstendenz der Tumorvolumina (Abb. 79).

VII. Eigene klinische Erfahrungen

Wir haben bisher 30 Patienten in einem Sauerstofftank bestrahlt, der bis zu 4 atü-Drucke zuläßt, jedoch leider als Zugeständnis an die deutschen Sicherheitsbestimmungen als Strahltank mit Plexiglasfenstern gebaut werden mußte, die nur eine Stehfeldtherapie zulassen (Abb. 80). Im allgemeinen wurde ein Gesamtdruck von 3 atü angewendet; die Einschleusungszeit betrug 20 min, die Sättigungs- und Bestrahlungszeit 10 min, die Ausschleusungszeit 15 min, die

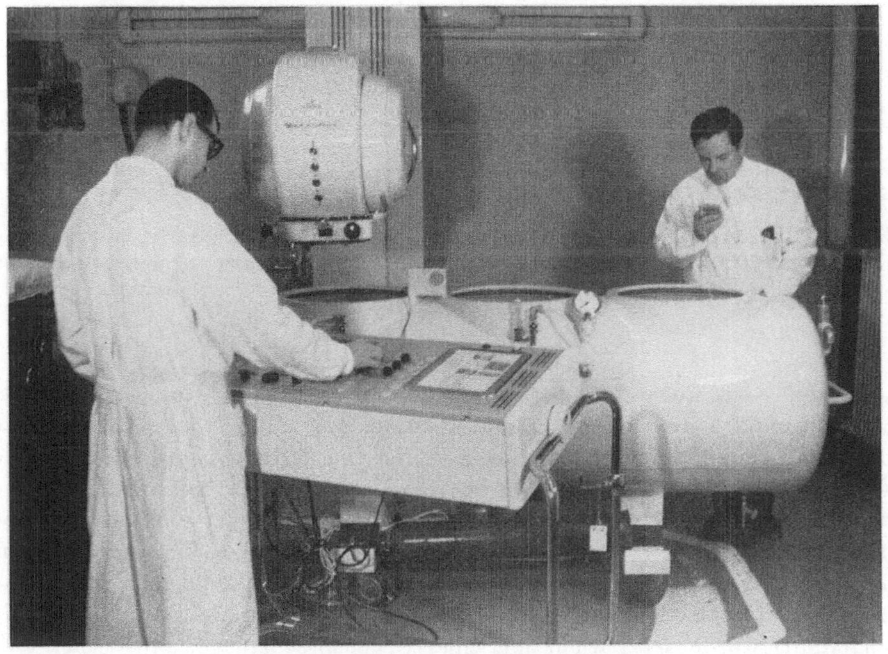

Abb. 80. Die Heidelberger Sauerstoffkammer mit Gammatron und Kontrollsystem bei der Einschleusung des Patienten

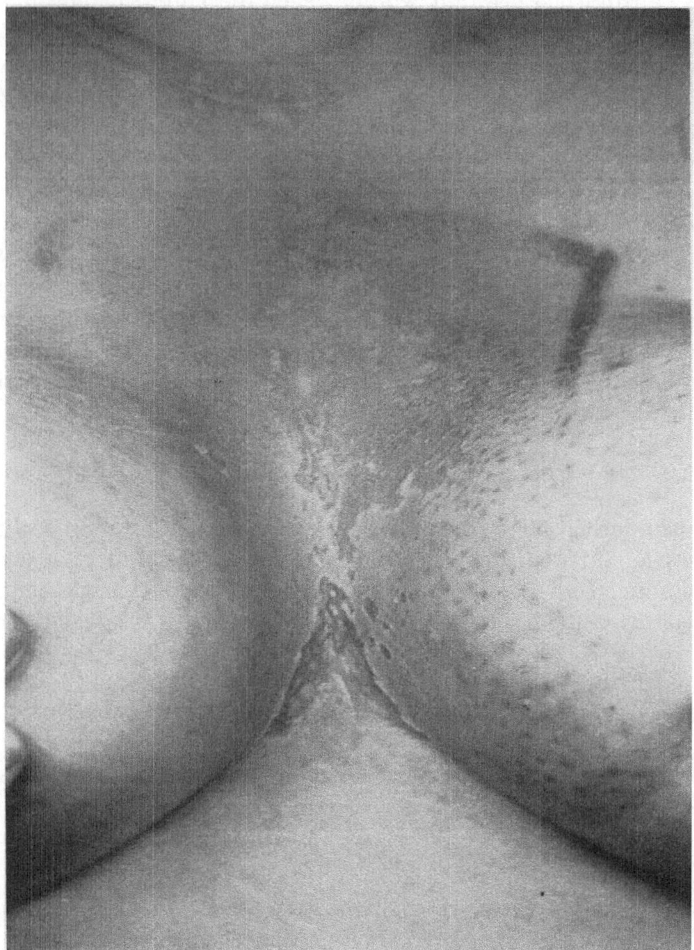

Abb. 81. Hautreaktion nach Bestrahlung eines Glomustumors der Aorta in hyperbarem Sauerstoff mit 9000 R Oberflächendosis. Follikelschwellung und geringe Epitheliolyse. Keine stärkere Reaktion als üblich bei dieser Dosierung mit Co^{60}-γ-Strahlung

Gesamtdauer der Behandlung 45 min. Während dieser Zeit wurden keine ernsthaften Komplikationen beobachtet. Es kam nur einmal zu einer Klaustrophobie und einmal zu einer Konvulsion durch eine Hirnmetastasierung. Vor der Behandlung im Überdrucktank wurden die Patienten einer internistischen und hals-nasen-ohrenärztlichen Voruntersuchung unterzogen; alle Patienten über 60 Jahren, mit einem Diabetes, ausgeprägter Arteriosklerose, Lungenemphysem, kardiovasculärer Insuffizienz, Infektionen im Respirationstrakt oder chronischer Sinusitis und Otitis wurden von der Behandlung ausgeschlossen. Während der Behandlung wurde der Patient mit einer Gegensprechanlage, akustischer Pulswiedergabe, Atemkontrolle, EKG und Konstanthaltung der Kammertemperatur überwacht. Außerdem bestand im Bestrahlungsraum Fernsehkontrolle des Druck-

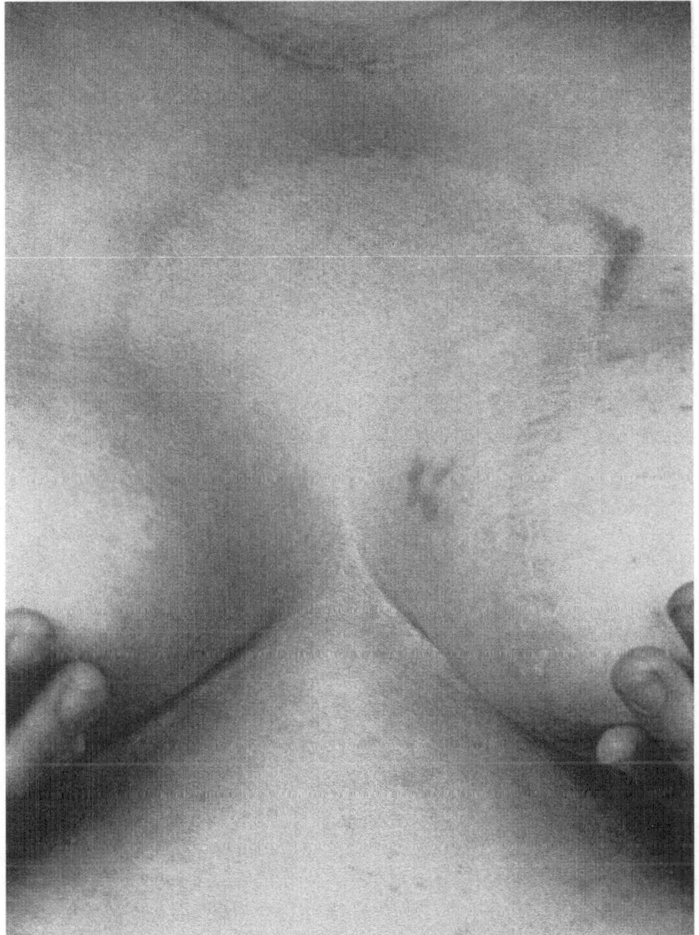

Abb. 82. 3 Wochen nach Bestrahlung abgeheilte Reaktion

manometers. Die Patienten trugen unbrennbare Wäsche. Es wurde streng darauf geachtet, daß Funkenerzeugung im Tank unmöglich ist; jegliche elektrische Installation muß außerhalb des geerdeten Tanks erfolgen. Die Bestrahlung wurde mit einem Kobalt-60-Teletherapiegerät durchgeführt; zweimal wöchentlich wurden 500 R Herddosis appliziert. Die Gesamtherddosen schwankten – je nach Histologie des Primärtumors – zwischen 3000 und 6000 R.

Unsere Indikationsstellung zur Strahlentherapie in hyperbarem Sauerstoff berücksichtigte in der Hauptsache normalerweise radioresistente Tumoren wie Fibro- und Osteosarkome, Rezidive, vor allem bei Blasencarcinomen, und Lungenrundherde, die eine bestimmte Größe überschritten hatten, so daß eine große Zahl anoxischer Zellen angenommen werden mußte. Die Resultate können bei der kleinen Zahl und noch zu kurzen Beobachtungszeit nur mit Zurückhaltung interpretiert werden. Wir konnten jedoch übereinstimmend mit anderen

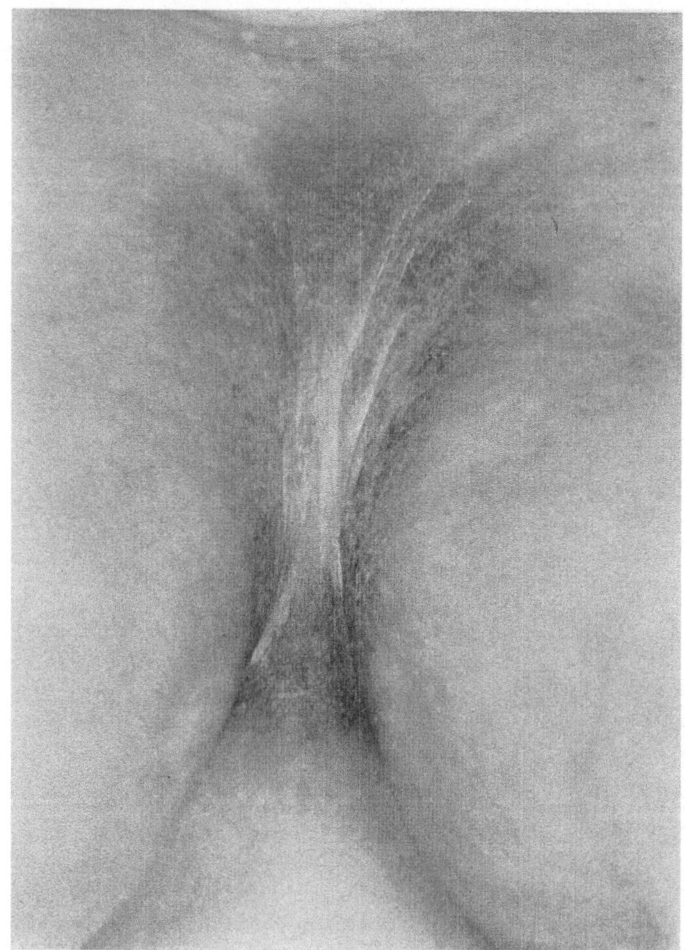

Abb. 83. Spätreaktion, indurativ, fibrotische Narbenplatte der Unterhaut und des Fettgewebes. Auch diese Veränderungen entsprechen der eingestrahlten Dosis und dem adipösen Konstitutionstyp der Patientin

Autoren feststellen, daß eine bereits vorliegende Fernmetastasierung eine Kontraindikation für dieses Verfahren darstellt, da diese offensichtlich zu einem rascheren Absterben der Patienten nach hyperbarer Radiotherapie führte. Eine Häufung von Metastasen konnten wir jedoch nicht beobachten (Abb. 81–95).

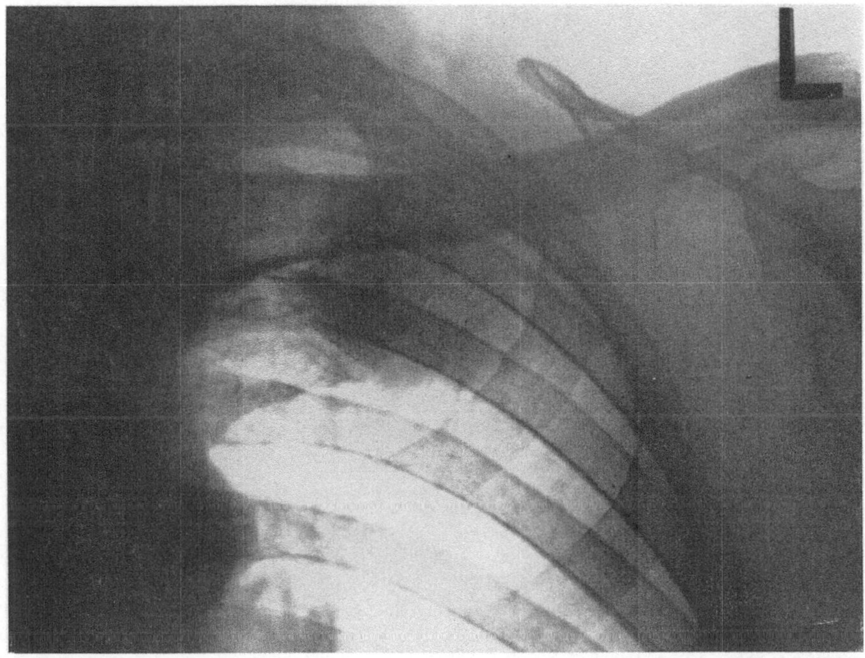

Abb. 84

Abb. 84--87. Peripheres Bronchialcarcinom (Plattenepithelcarcinom) vor und nach sechsmal 500 R HD in hyperbarem O_2. Völlige Rückbildung des Tumorbefundes

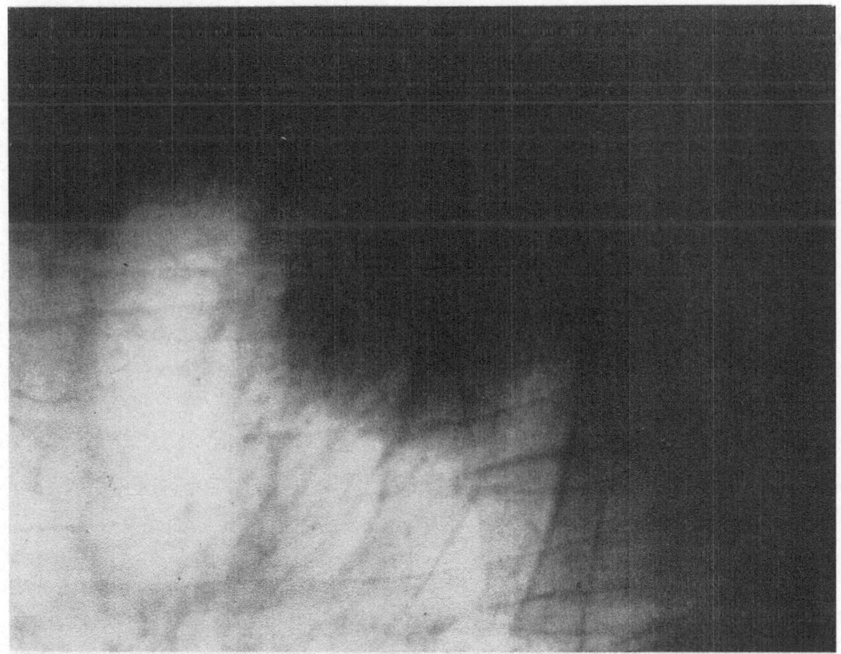

Abb. 85

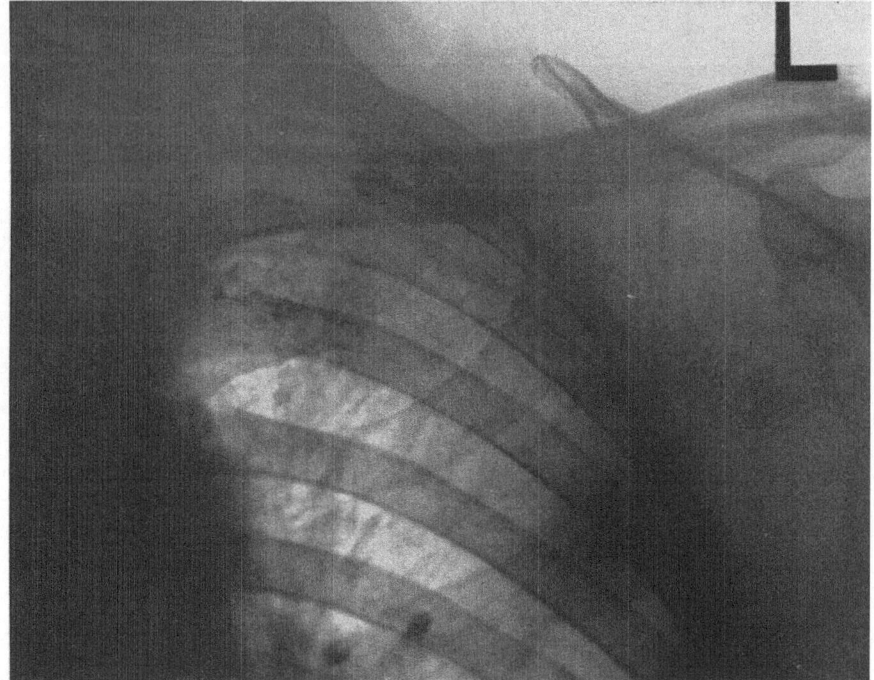

Abb. 86

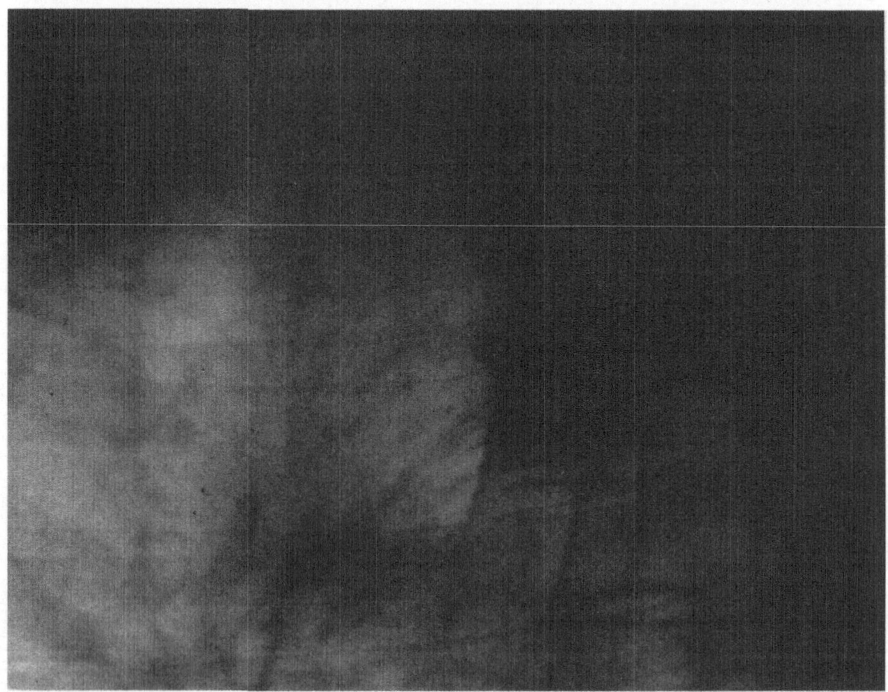

Abb. 87

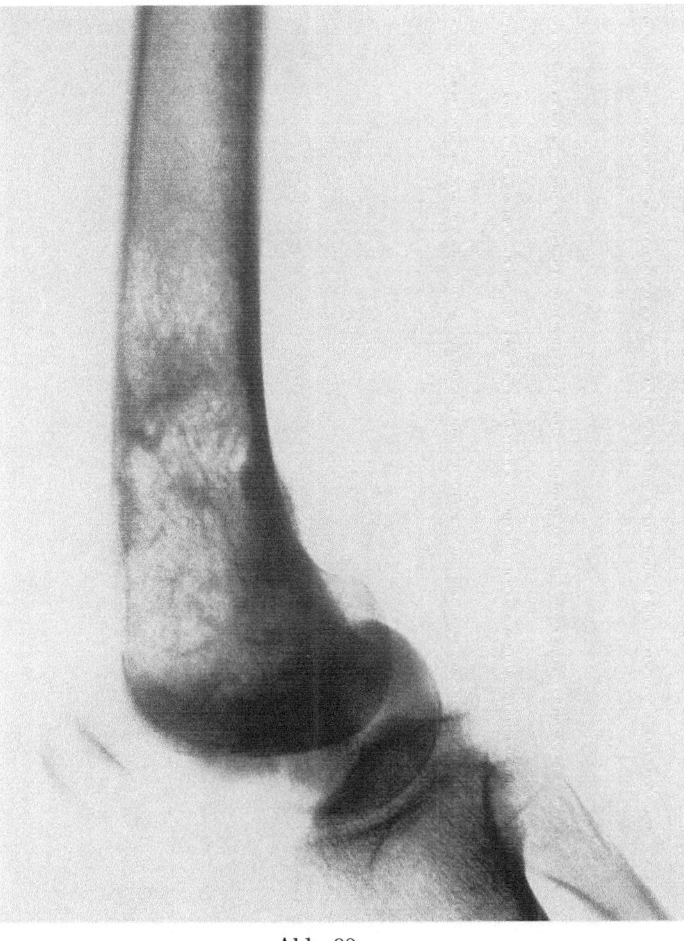

Abb. 88

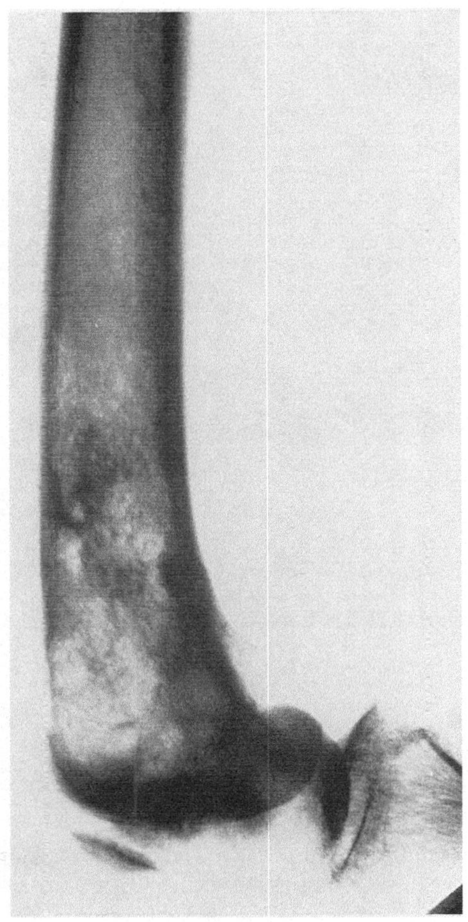

Abb. 89

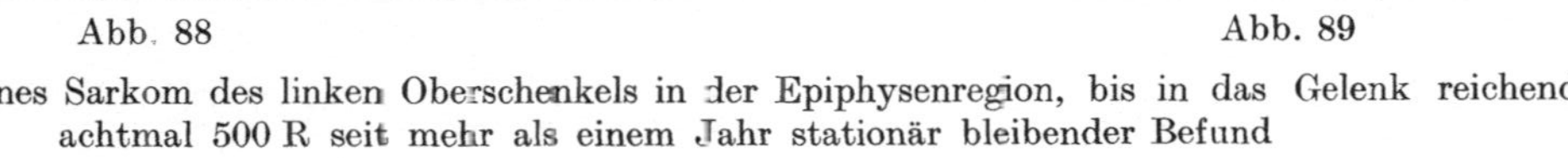

Abb. 88 u. 89. Osteogenes Sarkom des linken Oberschenkels in der Epiphysenregion, bis in das Gelenk reichend. Nach achtmal 500 R seit mehr als einem Jahr stationär bleibender Befund

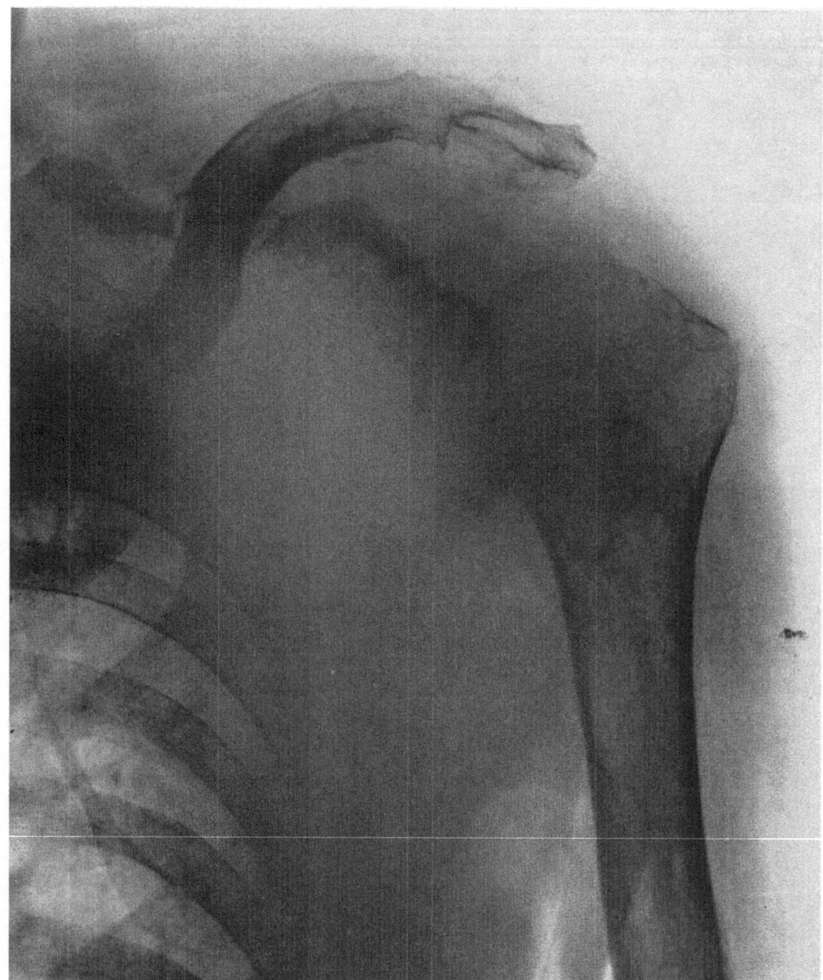

Abb. 90

Abb. 90 u. 91. Osteolytisches Sarkom des linken Schulterblattes vor und nach Therapie mit hyperbarem Sauerstoff. Deutliche Konsolidierung des Befundes

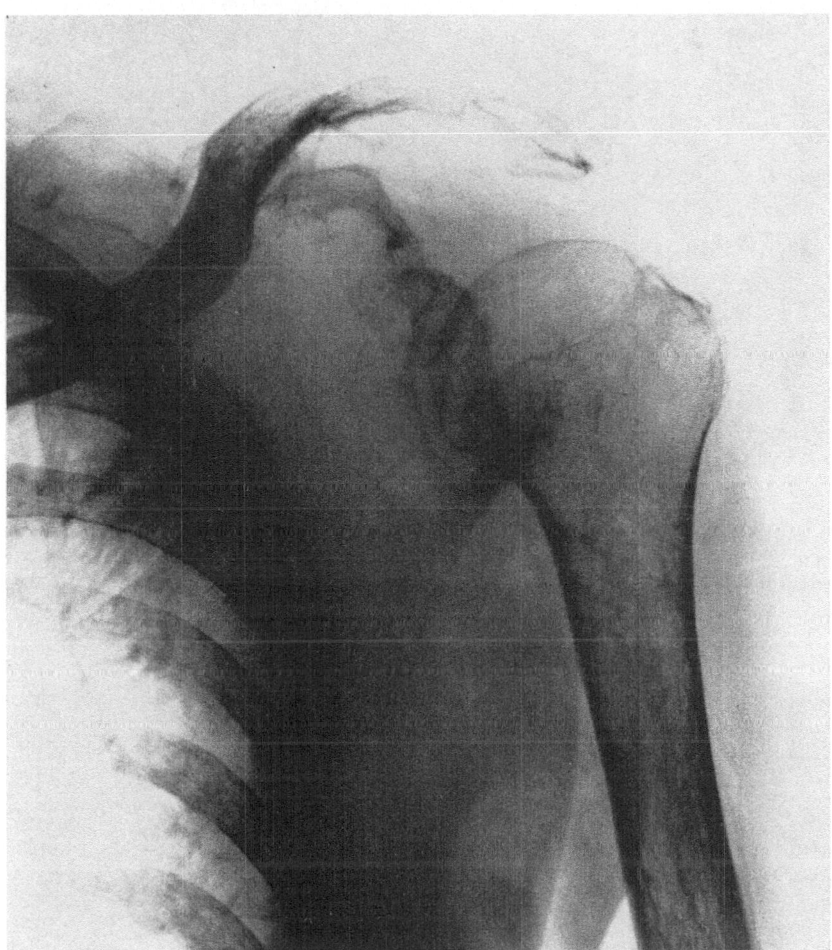

Abb. 91

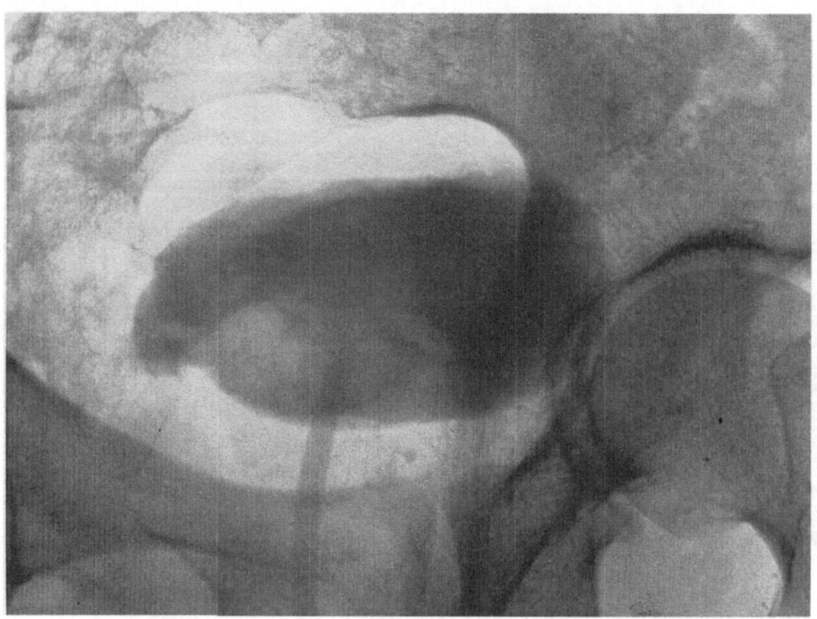

Abb. 92

Abb. 92—95. Stark endophytisch wachsendes Blasencarcinom, nach 6000 R HD keine vollkommene Rückbildung und Rezidivbildung 3 Monate später. Sehr gutes Ansprechen nach sechsmal 500 R HD in hyperbarem Sauerstoff

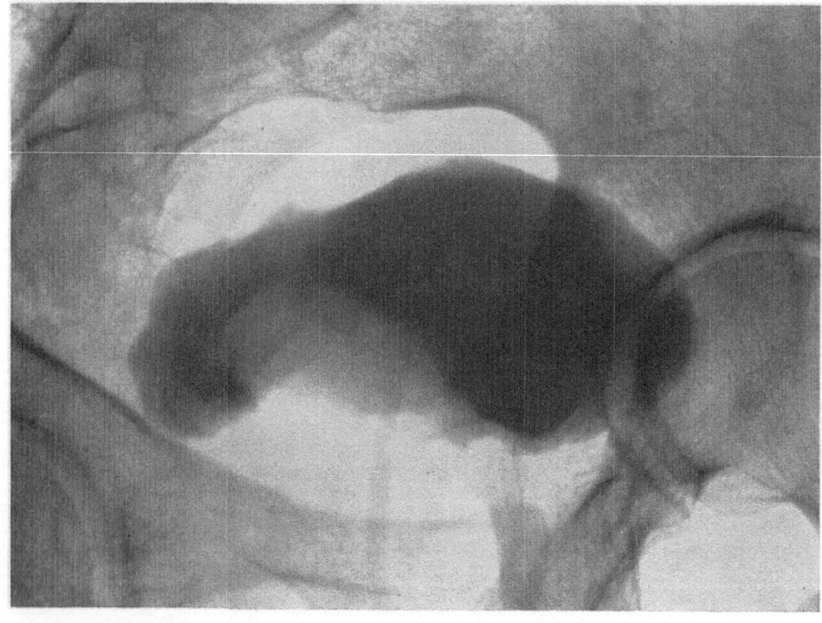

Abb. 93

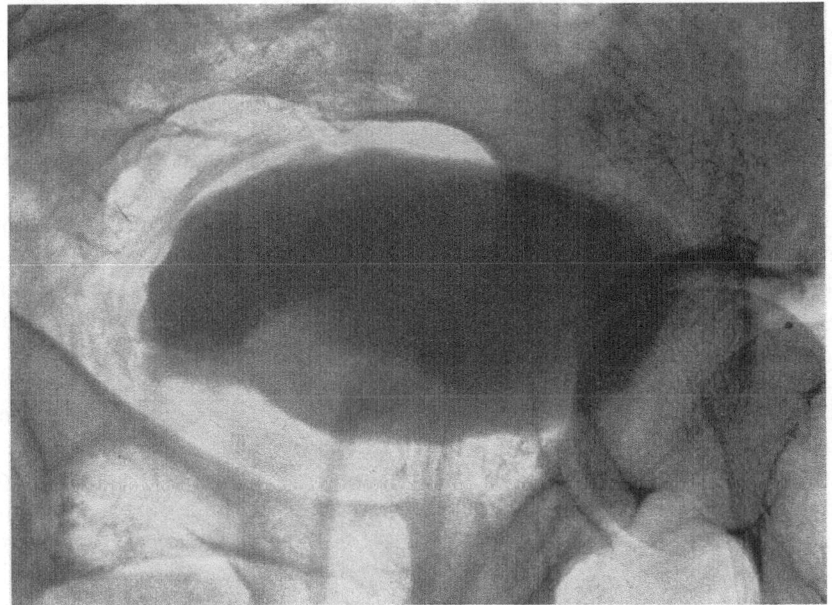

Abb. 94

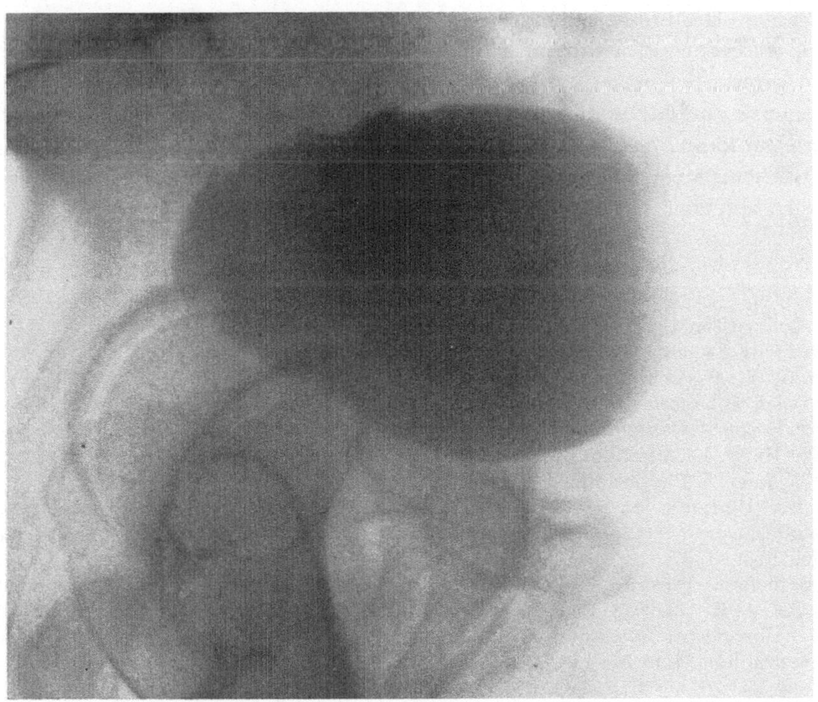

Abb. 95

VIII. Schlußbetrachtungen

Die starke metabolische Wirkung reinen Sauerstoffs, insbesondere unter hyperbaren Bedingungen, war schon Ende des letzten Jahrhunderts bekannt. Es kam jedoch erst durch die Erkenntnis der Behandlungsmöglichkeiten bei Anaerobierinfektionen, insbesondere des Gasbrandes, durch Boerema u. Mitarb. sowie zahlreichen chirurgischen und neurochirurgischen Indikationen zu einer intensiven Neubelebung der Anwendung dieses Therapieverfahrens. In der Radiobiologie ist der Sauerstoffeffekt seit den Arbeiten von Holthusen immer wieder Gegenstand zahlreicher grundlegender biologischer Versuche. Erst die klinischen Erfolge von Churchill-Davidson führten zur klinischen Anwendung der hyperbaren Sauerstofftherapie in der Radiologie. In den letzten 10 Jahren haben zahlreiche Autoren vor allem im anglo-amerikanischen Schrifttum über ihre Erfahrungen mit diesem Therapieverfahren berichtet. Die Beurteilung der Resultate ist noch recht unterschiedlich; sie reicht von sehr gut bis gut mit Einschränkungen. Eine besondere Indikation scheint nach Churchill-Davidson der Metastasenbefall der regionären Lymphknoten zu sein. Gerade die Lymphknotenmetastasen haben eine schlechte Vascularisation und daher Sauerstoffversorgung. Primär strahlenresistente Tumoren sollen auch unter hyperbarem Sauerstoff nicht besser ansprechen als bei der üblichen Methodik. Die normalen Umgebungsgewebe einschließlich der Haut reagieren unter hyperbarem Sauerstoff auch stärker als bei Bestrahlung in Luft. Diese Tatsache mahnt zur Vorsicht, vor allem da die Dosis auf 500 R am Herd aus praktischen Gründen erhöht werden muß. Auf Grund unserer bisherigen Erfahrungen muß man sagen, daß die wirksamen Herddosen auch unter hyperbarem Sauerstoff nicht wesentlich unter der als cancerid wirksam gefundenen Dosis liegen. Trotzdem sind die Resultate gerade bei bisher als radiotherapeutisch wenig erfolgversprechenden Indikationen so gut, daß man von einem eindeutigen Fortschritt in der Radiotherapie sprechen kann; hier seien vor allem die großen Tumoren, schlechte Vascularisation, Therapieversager oder Rezidive genannt. Unsere bisher gesammelten Erfahrungen sprechen eindeutig in dieser Richtung.

Literatur

Alper, T.: Comparison between the oxygen enhancement ratio for neutrons and x-rays as observed with Escherchia coli B. Brit. J. Radiol. **36**, (1963).

Barendsen, G. W.: Possibilities for the application of fast neutrons in radiotherapy: Recovery and oxygen enhancement of radiation induced damage in relation to linear energy transfer. Europ. J. Cancer **2**, 333—345. Pergamon Press 1966.

Bean, J. W., Haldi, J.: Alterations in blood lactic acid as a result of exposure to high oxygen pressure. Amer. J. Physiol. **102**, 439—447 (1932).

Behschad, H.: Wirkung ionisierender Strahlen auf Walker-Tumoren bei verschiedenen Sauerstoffdrucken (Lactatdehydrogenase- und Lactatbestimmung im Serum). Dissertation Heidelberg 1967.

Bert, P.: Barometric Pressure, Researches in experimental physiology. Paris, 1878. Translated by M. A. Hitchcock & F. A. Hitchcock. Columbus: College Book Co. 1943.

Bittner, R.: Überlebenskurven und histologische Untersuchungen an Ratten nach Ganzkörperbestrahlung bei verschiedenen Sauerstoffpartialdrucken. Dissertation Heidelberg 1967.

Cade, I. S., McEwen, J. B.: Megavoltage radiotherapy in hyperbaric oxygen: a controlled trial. Cancer (Philad.) **20**, 817—821 (1967).

Cater, D. B., Silver, I. A., Wilson, G. M.: Apparatus and technique for the quantitative measurement of oxygen tension in living tissues. Proc. Roy. Soc. B. **151**, 56 (1959)

— — Quantitative measurements of oxygen tension in normal tissue and in the tumours of patients before and after radiotherapy. Acta Radiol. **53**, 233—256 (1960).

Churchill-Davidson, I.: Oxygen effect in radiotherapy. In: Raven, R. W., Cancer progress 164—179. London: Butterworth 1960.

— Oxygen effect on radiosensitivity. Procceedings: Conference on Research on the radiotherapy of cancer. Amer. Cancer Society, Inc., 122—139 (1961).

— The oxygen effect in radiotherapy. Proc. Roy. Soc. Med. **57**, 635—638 (1964a).

— High-pressure oxygen and radiotherapy. Anglo-German med. Rev. **2**, 519—523 (1964b).

— The use and effects of high-pressure oxygen in radiotherapy. In: Boerema, I., Brummelkamp, W. H. and Meijne, N. G.: Clinical application of hyperbaric oxygen, 140—143. Amsterdam: Elsevier 1964c.

— The small patient chamber, radiotherapy. Trans-N. Y. Acad. Sci. **117**, 875—882 (1965).

— The oxygen effect in mammals. Schweiz, Krebstagung, Genf 1965. Oncologia **20** (Suppl.), 18—29 (1966).

— Foster, C. A., Wiernik, S., Collins, C. D., Pizey, N. C. D., Skeggs, D. B. L., Purser, P. R.: The place of oxygen in radiotherapy. Brit. J. Radiol. **39**, 321—331 (1966b).

— Sanger, C., Thomlinson, R. H.: High-pressure oxygen and radiotherapy. Lancet **1**, 1091—1095 (1955).

— — — Oxygenation in radiotherapy: clinical application. Brit. J. Radiol. **30**, 406—422, (1957).

Datta, L. P.: The effect of ionising radiations on the blood vessels of man. (A histological, histochemical and 35-S sulphate autoradiographic study). Indian J. Radiol. **21**, 206—210 (1967).

Derrick, J. P., Russel, D.: Oxygen tensions in tissues. Arch. Surg. **88**, 1059—1062 (1964).

Deschner, E. E., Gray, L. H.: Influence of oxygen tension on x-ray induced chromosomal damage in Ehrlich ascites tumour cells irradiated in vitro and in vivo. Rad. Res. **11**, 155 (1959).

Detrick, L. E., Latta, H., Upham, H., McCandless, R.: Electron-microscopic changes across irradiated rat intestinal villi. Radiat. Res. **19**, (1963).

Dettmer, C. M., Kramer, S., Gottlieb, S. F., Aponte, G. E., Driscoll, D. H.: The effect of increased oxygen tensions upon animal tumour growth. Amer. J. Roentgenol. **102**, 804—810 (1968).

Dickens, F.: The toxic effects of oxygen on nervous tissue. In: Neurochemistry. K. A. C. Elliott, I. H. Page & J. H. Quastel, Eds. 2nd edit.: 851. Springfield: Charles C. Thomas.

Dittrich, W., Stuhlmann, H.: Wachstumshemmung des Ehrlich-Karzinom der Maus in vivo durch Röntgenbestrahlung unter verschiedenen Sauerstoffpartialdrucken. Naturwissensch. **41**, 122 (1954).

Dixon, M., Maynard, J. M., Morrow, P. F. W.: A new type of aûtoxidation reaction. Cause of instability of cytochrome c reductase. Nature (London) **186**, 1033—1034 (1960).

Du Sault, L. A.: The effect of oxygen on the response of spontaneous tumours in mice to radiotherapy. Brit. J. Radiol. **36**, 749—754 (1963).

— Eyler, W. R., Dobben, G. D.: Combination of oxygen and optimum fractionation in radiation therapy of adenocarcinoma. Amer. J. Roentgenol. **82**, 688—692 (1969).

Elkind, M. M., Sutton, H.: X-ray damage and recovery in mammalian cells grown in culture. Nature **184**, 1293—1295 (1959).

Emery, E. W., Lucas, B. G. B.: The irradiation of conscious patients under high oxygen pressure. Brit. J. Radiol. **37**, 475 (1964).

Gray, L. H., Conger, A. D., Ebert, M., Hornsey, S., Scott, A. A. C.: The concentration of oxygen dissolved in tissues at the thime of irradiation as a factor in radiotherapy. Brit. J. Radiol. **26**, 638 (1953).

— Chase, H. B., Deschner, E. E., Hunt, J. W., Scott, O. C. H.: Influence of oxygen and peroxide on response of mammalian cells and tissues to ionizating radiation. In: Proceedings of second United Nations International Conference on peaceful uses of atomic energy. Vol. 12, New York: Columbia Univ. Press 1958.

Gray, L. H., Deschner, E. E.: Influence of oxygen tension on X-ray induced chromosomal damage in Ehrlich ascites tumour cells irradiated in vitro and in vivo. Radiation Res. **11**, 115—146 (1959).

Grüssner, G., Wieland, H.: Experimentelle Untersuchungen über den Effekt von einzeitigen und fraktionierten Röntgenbestrahlungen auf das subkutane Walker-Karzinom der Ratte unter Beatmung mit verschiedenen hohen Sauerstoffpartialdrucken. Strahlentherapie **100**, 241—252 (1956).

Hansen, T. H.: Die Veränderungen des Gehaltes der sauren Mukopolysaccharide im Knorpelgewebe nach Einwirkung ionisierender Strahlen unter hyperbarem Sauerstoff. Dissertation Heidelberg 1968.

Haugaard, N.: Poisoning of cellular reactions by oxygen. Ann. New York Acad. Scie. **117**, 737—744 (1965).

— Hess, M. E., Itskovitz, H.: The toxic action of oxygen on glucose and pyruvate oxidation in heart homogenates. J. Physiol. Chem. **227**, 605—616 (1957).

Hewitt, H. B.: The effect on cell survival of inhalation of oxygen under high pressure during irradiation in vivo of a solid mouse sarcoma. Brit. J. Radiol. **36**, 12 (1966).

— Wilson, C. W.: Effect of tissue oxygen tension on radiosensitivity of leukaemic cells irradiated in situ in livers of leukaemic mice. Brit. J. Cancer **13**, 675—684 (1959).

Holthusen, H.: Beiträge zur Biologie der Strahlenwirkung. Untersuchungen an Askarideneiern. Pflügers Arch. ges. Physiol. **187**, 1 (1921).

Howard-Flanders, P.: The role of oxygen in modifying the radiosensitivity of E. Coli B. Nature (London) **178**, 978—979 (1956).

Inch, W. R., McCredie, J. A., Kruuv, J.: Effect of breathing 5 % carbon dioxide and 95 % oxygen at atmospheric pressure on tumour radiocurability. Acta Radiologica **4**, 17—25 (1966).

Johnson, R. E., Cooperman, L. H., Steckel, R. J.: Clinical method for evaluation of radiopotentiation with oxygen inhalation: A preliminary note. Radiology **87**, 128—129 (1966).

Johnson, R. J. R.: Gynecological cancer treated with cobalt under hyperbaric conditions. Front. Radiation Ther. Onc. **1**, 149—155 (1968).

— Legal, J.: Radiation beam alignment davice for use with a hyperbaric oxygen chamber. Brit. J. Radiol. **39**, 558 (1966).

Kärcher, K. H., Kuttig, H.: Die Heidelberger Kammer zur Strahlentherapie bei Sauerstoffüberdruck. Strahlentherapie **133**, 1—6 (1967).

— — Becker, J., Morita, K.: Erste klinische und biologische Beobachtungen während der Strahlentherapie unter Sauerstoffüberdruck. Strahlentherapie **134**, 4, 482—492 (1967).

Kluft, O., Boerema, I.: Hyperbaric oxygen in experimental cancer in mice. In: Clinical application hyperbaric oxygen: I. Boerema., W. H. Brummelkamp and N. G. Meijne, eds. pp. 126—136. Amsterdam: Elsevier 1964.

Kruuv, J. A., Inch, W. R., McCredie, J. A.: Blood flow and oxygenation of tumours in mice — I. Effect of breathing gases containing carbon dioxide at atmospheric pressure. Cancer **19**, 51—59 (1966a).

— — — Blood flow and oxygenation of tumours in mice — III. Effects of breathing amyl nitrite on radiosensitivity of the C_3H tumour. Cancer **19**, 66—70 (1966b).

— — — Blood flow and oxygenation of tumours in mice. Cancer **20**, 60—65 (1967).

Lacassagne, A.: Chute de la sensibilité aux rayons X chez la souris nouveau-née en état d'asphyxie. Compt. rend. Acad. sc. **215**, 231—232 (1942).

McCredie, J. A., Inch, W. R., Kruuv, J., Watson, T. A.: Effects of hyperbaric oxygen on growth and metastases on the C_3HBA tumour in the mouse. Cancer (Philad.) **19**, 1537—1542 (1966).

Meurk, M. L., Edelsack, E. A.: Lithium fluoride dosimetry under hyperbaric conditions Front. Front. Radiation Ther. Onc. **1**, 98—109 (1968).

Nolte, H.: Histologische Aspekte zum Problem der Sauerstoffintoxikation. Ueberleben auf See. 2. Marinemedizinisch-wissenschaftliches Symposium, Kiel, 1968. Hrsg. vom Schifffahrtsmedizinischen Institut der Marine.

Orzechowski, G.: Neuere Erkenntnisse in der Physiopathologie der Sauerstoffvergiftung. In: Überleben auf See. II. Marinemedizinisch-wissenschaftliches Symposium in Kiel, Mai 1968. Hrsg.: Schiffahrtsmedizinisches Institut der Marine.

Parker, R. G., Wootton, P.: Single dose erythemas of skin in hyperbaric radiation. Radiol. clin. (Basel) **36**, 24—26 (1967a).

— — Human skin response to radiation therapy with high-pressure oxygen at 30 P.S.I.G. Amer. J. Roentgenol. **100**, 920—923 (1967b).

Peracchia, G., Bini, F.: Osservazioni cliniche sull'irradiazione in camera iperbarica a 3 atmosfere di-ossigen. La Radiologia Medica **65**, 991 (1967).

Petzold, H., Fiedler, H.: Die Wirkung von Cholinchlorid auf den O_2-Gehalt des arteriellen Blutes bei Lebererkrankungen. Dtsch. Z. Verdauungs- und Stoffwechselkrankheiten **26**, 79—84 (1966).

Plenk, H. P., Card, R. Y.: Hybaroxic radiation therapy. Review of two year experience with 167 patients. Amer. J. Roentgenol. **99**, 900—914 (1967).

Riebeling, M., Velazquez, J. G.: La camara oxihiperbarica asociada al telecobalte en el tratamiento del cancer regionalmente avanzado. Acta oncol. (Madrid) **5**, 236—244 (1966).

Rost, A.: Die Dosisverteilung im Wasserphantom innerhalb einer Sauerstoffüberdruckkammer bei Bestrahlung mit hochenergetischen Bremsstrahlen. Dissertation Heidelberg 1967.

Rubin, P.: Atmospheric versus hyperbaric oxygen breathing in radiotherapy. Front. Radiation Ther. Onc. **1**, 46—70 (1968).

— Casaretti, G.: Microcirculation of tumors. Part. II. The supervascularized state of irradiated regressing tumors. Clin. Radiol. **17**, 346—355 (1966).

Seaman, W. B., Taplex, N. V., Sanger, C., Jacox, H. W., Atkins, H. L.: Combined high-pressure oxygen and radiation therapy in treatment of human cancer. Amer. J. Roentgenol. **85**, 816—821 (1961).

Suit, H. D.: Application of radiobiologic principles to radiation therapy. Cancer (Philad.) **22**, 809—815 (1968).

— Maeda, M.: Oxygen effect factor and tumour volume in C_3H mouse mammary carcinoma: Preliminary report. Amer. J. Roentgenol. **96**, 177—182 (1966).

— Lindberg, R.: Radiation therapy administered under conditions of tourniquet-induced local tissue hypoxia. Amer. J. Roentgenol. **102**, 27—37 (1968).

Schwarz, G.: Über Desensibilisierung gegen Röntgen- und Radiumstrahlen. Münch. Med Wochr. **56**, 1217 (1909).

Stadie, W. C., Haugaard, N.: The effect of high oxygen pressure upon enzymes: VII. Urinase, xanthine oxidase and d-amino acid oxidase. J. Biol. Chem. **161**, 181—188 (1945).

— Riggs, B. C., Haugaard, N.: Oxygen poisoning. Amer. J. Med. **207**, 84 (1944).

— — — Oxygen poisoning. V. The effect of high oxygen pressure upon enzymes: succinic dehydrogenase and cytochrome oxidase. J. Biol. Chem. **161**, 153 (1945a).

— — — The effect of high oxygen pressure upon enzymes: VI. Pepsin, catalase, cholinesterase and carbonic anhydrase. J. Biol. Chem. **161**, 175—180 (1945b).

— — — The effect of high oxygen pressure on enzymes: VIII. the system synthetizing acetylcholine. N. Bil. Chem. **161**, 189—196 (1945c).

Thomlinson, R. H.: An experimental method for comparing treatments in intact malignant tumours in animals and its applications to the use of oxygen in radiotherapy. Brit. J. Cancer **14**, 555 (1960).

— The oxygen effect in mammals. In: Brookhaven Symp. Biol. **14**, 204—219 (1961).

— The therapeutic experiments with the fast neutron beam from the Medical Research Council cyclotron; III. A comparison of fast neutrons and x-rays in relation to the „oxygen effect" in experimental tumours in rats. Brit. J. Radiol. **36**, 89—91 (1963).

— Chin, B.: A comparison of fast neutron and x-rays in relation to the „oxygen effect" in experimental tumours in rats. Brit J. Radiol. **35**, 89—91 (1963).

Ulrich, E.: Enzymatische und fermenthistochemische Untersuchungen nach Ganzkörperbestrahlung von Ratten unter verschiedenen Sauerstoffpartialdrucken. Dissertation Heidelberg 1966.

Umegaki, Y., Matsuzawa, T.: Deoxygenation radiotherapy. Nippon Acta Radiol. **22**, 79—85 (1963).

Vacek, A.: Whole-body oxygen consumption during irradiation for the survival of rats after exposure to x-rays. Nature (London) **194** (1962).

Vacek, A., Davidová, E., Hošek, B.: Tension of oxygen in tissues and its changes during irradiation. Int. J. Rad. Biol. **8**, 499—505 (1964).

Van den Brenk, H. A. S.: Hyperbaric oxygen in radiation therapy. Am. J. Roentgenol. **102**, 8—26 (1968).

— Elliott, K., Hutchings, H.: Effect of single and fractionated doses of x-rays on radiocurability of solid Ehrlich tumour and tissue reactions in vivo, for different oxygen tension. Brit. J. Cancer **16**, 518—534 (1962).

— Kerr, R. C., Madigan, J. P., Cass, N. M., Richter, W.: Results from tourniquet anoxia and hyperbaric oxygen techniques combined with megavoltage treatment of sarcomas of bone and soft tissues. Amer. J. Roentgenol. **96**, 760—776 (1966).

— Richter, W., Murley, R. H.: Radiosensivity of the human oxygenated cervical spinal cord based on analysis of 357 cases receiving 4 MeV x-rays in hyperbaric oxygen. Br. J. Radiol. **41**, 205—214 (1968).

Van Putten, L. M., Kallman, R. F.: Effect of pre-irradiation on the ratio of oxygenated and anoxic cells in a transplanted mouse tumour. Front. Radiation Ther. Onc. **1**, 27—37 (1968a).

— — Oxygenation status of a transplantable tumour during fractionated radiation therapy. J. nat. Cancer Inst. **40**, 441—451 (1968b).

Wandel, A.: Hyperbare Oxydation (Sauerstoffüberdruckbehandlung). Aus dem Schiffahrtsmedizinischen Institut der Marine. Wehrdienst und Gesundheit Bd. XVI. Darmstadt: Wehr und Wissen Verlagsgesellschaft mbH 1968.

Warburg, O., Schroder, W., Gewitz, H.: Volker, W.: Selective action of x-rays on cancer cells. Naturwissenschaften **45**, 192 (1958).

Wildermuth, O.: Clinical exploration into value of hyperbaric oxygen with radiotherapy of cancer. Proc. of Third International Congress on Hyperbaric Medicine. Ed. by I. W. Brown and B. G. Cox. Acad. Sci. Public. 1404. Washington, D. C., 1966, pp. 676—685.

— Hybaroxic radiotherapy: some observations in the development of clinical application and technique. Amer. J. Roentgenol **96**, 171—176 (1966b).

— Problems in the management of patients with hybaroxic radiotherapy. Front. Radiation Ther. Onc. **1**, 127—133 (1968).

Williams, K. G.: High pressure oxygen in medicine. Advancement of Science **47** (1965).

Wootton, P.: Physical characteristics of a one-man hyperbaric oxygen chamber. Front. Radiation Ther. Onc. **1**, 71—78 (1968).

Wright, E. A., Hahn, G. M., Steele, R. E.: Towards the ideal use of the „oxygen effect" in radiotherapy. Amer. J. Roentgenol. **96**, 749—754 (1966).

Sachregister

Aktivität der ATP 87
Alcianblau-PAS-Reaktion 59
Aminozucker 32, 50, 72
—, Serumspiegel der 40
—, Werte der 41
Aminozuckerspiegel, Normalisierung der 59
Amyloidreaktion 6
Anaerobierinfektionen 128
Antiphlogistica 45
Armödeme 23
Atmungsfermentkette 49

Basalmembran 47
Beinödeme 23
Bestrahlung 87
Bewegungsbestrahlung 2
Bindegewebe 52
—, Erkrankungen des 60
—, Reaktion und Auseinandersetzung des 29
Bindegewebsdegeneration 69
Bindegewebskrankheiten 68
Bremsstrahlung ,ultraharte 2
Bromthaleintest 47, 90
Bronchialcarcinom 22
Bronchialtumoren 50

Caesium-137-γ-Strahlung 21
Capillarfragilität 46
Cervixcarcinom 106
Chondroblasten 30
Chondroitinschwefelsäure 30
Chondroitinschwefelsäuresynthese 60
Chondroitinstoffwechsel 74
Chondroitinsulfat 67
Chondroitinsulfate 63
Citratcyclus 42
Co-Ferment NAD 117
Co-Fermentsystem, Inaktivierung des 42
Cytolyse, Steigerung der 33
Cytoplasma 6
Cytostatica 91

Degranulierung der Plasmazellen 43
Depolymerisation 8
Desintegration, metabolische 5
Desoxyribotidbildung 6
Diffusionsrate 104
DNS-Einbaurate, Verminderung der 13
DNS-Gehalte, Verminderung der 15
DNS-Gehalt im Kern 15
DNS im Karyoplasma 15
DNS-Synthese 5, 16
—, Blockierung der 6
DNS-Synthesehemmung 6
Doppelkettenbruch 8
Dosierung und Fraktionierung, Erfahrungen bei 19
Dosisleistung 3
DPN-Diaphorase 111
Dupnytrensche Kontraktur 38
Dysostosis Morquio, metaphysäre 38
Dysproteinämie, tumor bedingte 72

Einzeitbestrahlung 1, 101
Einzeldosis, 13
—, hohe 16
Elektivität 1
Elektivitätssteigerung 2, 5
Elektronenbestrahlung 17
Elektronen, hochenergetische 2, 13
Elektronenstrahlung, hochenergetische 5
Entzündungsdämpfung 71
Enzyme 87
—, Inaktivierung von 42
Enzymsynthese 5
Experimentaltumoren, Wachstumskurve von 116

Fermentdiagnostik 82
Fermentdiagramm 82, 93, 94
Fermente, muco- und proteolytische 32
—, Verminderung der 85
Fernmetastasierung 37, 120
—, vermehrte 106
Fibroblasten 30
Flavonoid 70
Fraktionierung 1, 3
—, stärkere 13
—, tägliche 18
Fraktionierungsrhythmus 19, 21
Fucosen 37
Furunkel 2

Galaktose 31
γ-Glutamyl-Transpeptidase 93
γ-Strahlen, Beeinflussung durch 14
γ-Strahlung 2
Ganzkörperbestrahlung 42, 43
Gefäß- und Bindegewebsschädigung, radiologische 69
Geschwulstwachstum 29, 35, 59
Gewebe, periblastomatöses 52
Gewebsmastzellen 36
Gewebsmucopolysaccharide, Veränderungen der 72
Glioblastoma multiforme 107
Glucosaminbehandlung 33
Glucose 117
Glucosephosphorylierung, Hemmung der 33
Glykogen 117
Glykogengehalt 47, 48
Glykogenspeicherung 6
Glykogenverarmung der Leber 85
Glykolyse, Hemmung der 33
Grain-Index 8
Granulationsgewebe 49
Grenzdosis 16
Grundsubstanzentmischung 32

Hautreaktion 105
Hemmeffekt von Vitamin C 47
Hexosaminbestimmung 62
Hexosamine 18, 32, 37
Hexosamingehalt 49
— im Lungengewebe 58
Hexosaminspiegel 33, 56
— im Serum 57
Hexosaminstoffwechsel 36
Hexosen 18, 37
Hexosenspiegel 33
Hidradenitis 2
Hirnmetastasierung 118
Hochspannungselektrophorese 42
Hodengewebe, Schonung des 3
Hodentumor 37
Hyaluronidase, Hemmung der 46
Hyaluronsäure 30, 48, 63, 67
— im Urin 68
—, Wandlungsfähigkeit 49
Hyperthyreose, Strahlenwirkung bei 61

Immunosuppression 58
Infrarot-Spektrum 66
Integraldosis 2
Invasionsfront 31, 32
ionisierende Strahlung, Wirkung am Bindegewebe 18
Isotopen, radioaktive 2

Kaninchenkehlkopf 63, 64
Katecholaminausschüttung 46
Kehlkopfknorpel 64
Klaustrophobie 118
Knochenmetastasen 22
Knorpel des Kaninchenkehlkopfes 60
Kompensationsdosis 23
Konvulsion 118
Kreuzfeuertherapie 2

Laktat 117
LDH 93, 117
Leber 91
Leberarteriographie, selektive 82
Leberbestrahlung 47, 86
—, diffuse 91
Leber, Entgiftungsfunktion der 84
Leberfunktionsstörung 48, 84
Lebermetastasen 81, 96
Lebermitochondrien 49
Leberscintigraphie 82
Lebertumoren 81, 83
Lebervenographie 82
Leucinaminopeptidase 93, 111
— im Glomerulum 111
LET 2
Lipidverteilung, Störung der 90
Lungenfibrose 23, 50, 61
—, Vermehrung der 105
Lungengewebe 18, 49
Lungenhexosamingehalt 45
Lungenveränderungen, fibrotische 57
Lymphadenitis 2
Lymphangiosis carcinomatosa 41
— — pulmonis 40
Lymphknotenmetastasen 22, 106, 128

Magencarcinom 37
Mammacarcinom 3, 22, 37
—, histophotometrische Veränderung an Zellen 17
Mannose 31
Marfan-Syndrom 38
Mastzellen 30, 31, 32
MDH 93
Mediastinum 41
Megavolttherapie 83, 91
Melanoblastom 3
Melanom 23, 37
Membranpermeabilität 49
Mikrospektrophotometrie 13
Mikrozirkulationseinflüsse 117
Mitosefrequenz 7
Mitosehemmung 5
Mitosenblockade, therapiebedingte 4
Mitoserate, Herabsetzung der 33
Mucopolysaccharide 30, 49
—, neutrale 31, 52
Mucopolysaccharide, saure 31, 60
—, Überproduktion der 38
Mucopolysaccharidgehalt 47, 49
— im Knorpel 65
Mucopolysaccharidstoffwechselveränderungen 50
Mucopolysaccharidveränderungen 64

Naevus pigmentosus pilosus 1
Nebenhöhlentumor 22
Neutronen 4
—, schnelle 102
Nierengewebe 18, 111
Nucleinsäure 8

O-(β-Hydroxyaethyl)rutosid (HR) 46, 47, 56
Osteoblasten 30
Osteochondrosarkom 66
Oxyphenylbutazon 70

Panaritien 2
Pancoast-Tumoren 22
Peniscarcinom 23
Perfusion der Leber 91
Phenylbutazon 56
Phosphatase, alkalische 111
π-Mesonen 4
Plasmocytom 66
Plexuslähmung 23
Pneumonitis, strahlenbedingte 57
Polymerasen 6
Polysaccharide, proteingebundene 37
Prednisolon 56, 58, 70
Prednison 70
Proliferationshemmung 71

Radiobiologie 98
Rattenleber, Bestrahlung der 85
RBW 2
Retentionsphase 7
Retothelsarkom 41
RNS im Cytoplasma 15
— im Nucleolus 15
RNS-Synthese 5, 16
Röntgenstrahlung, konventionelle 2

Sättigungsmethode 1
Sättigungswirkung 16
Sarkom, osteogenes 3
Sauerstoff 3
—, hyperbarer 19, 98, 119
Sauerstoffeffekt 98
Sauerstoffintoxikation 99
Sauerstoffpartialdruck 101, 117
—, Erhöhung des 98
— im Gewebe 102
Sauerstoffsättigung 3
— im Gewebe 103
Sauerstoffverbrauchsrate 104
Sauerstoffüberdruck 65, 105, 106, 111, 116
Sauerstoffüberdruckanwendung 64
Sauerstoffüberdruck-Strahlentherapie 106
Sauerstoffüberdrucktherapie 101
Sauerstoffvergiftungserscheinungen 100
Sauerstoffversorgung 128
Sauerstoffwirkung, Pathophysiologie der 99
—, strahlenbiologische 101
Schilddrüsencarcinom 37
Schleimhaut, Strahlenreaktion der 48
Schwach- und Starkbestrahlung 1
Schweinehaut 60, 63
Schwellendosis 90
Sclerodermia diffusa 66
Sensibilitätssteigerung 65
Serienbestrahlung, unterbrochene 4, 8
Serumaminozuckerspiegel 33, 59
Serumbilirubin, Erhöhung des 90
Serum-Glykoproteine 36
Serum-Hexosamine 35
Serum-Hexosen 32
—, Bestimmung der 33, 34
SDH 90
S 35-Einbauratenbestimmung 74
S 35-Sulfatmarkierung 60

SGPT 93
SGOT 93
SGTP 48
SH-Enzyme, Hemmung der 100
Sklerodermie 38
Skleromyxödem 38
sMPS-Gehalt 42, 63
sMPS im Urin 65
Spätveränderungen der durchstrahlten Haut 22
Splenoportographie 82
Stehfeldtherapie 2
Stoffwechseleffekte 47
Strahlenempfindlichkeit der Leber 90
Strahlenfibrose der Lunge 41
Strahlenhepatitis 90
Strahlenmyelitis 105
Strahlennarbe, fibrotische 69
Strahlenpneunomie 41
Strahlenpneumonitis 40, 50
Strahlenreaktion der Haut 105
Strahlenreaktion, exsudative 40
Strahlenresistenz 6
Strahlenschädigung der Leber 86, 90
Strahlensensibilität 6, 18, 64, 105
— der Leber 94
Strahlentherapie 81, 90, 98
—, hyperbar 103
—, Indikationsstellung 119
Strahlenwirkung 3, 43
—, depolymerisierte 48
—, Kompensation der 16
—, Mechanismus der 8
Strahlung, ionisierende 29
Sulfomucopolysaccharide, Sulfatmarkierung der 60
Synovialzellen 30

Therapiefolgen 3
Thymidineinbaurate 8
Transaminasen 87
Tumor 52
Tumorelektivität 3
Tumoren, gynäkologische 37
Tumorproliferation 36
Tumorstroma 52
Tumorwachstum 14, 43
Tumorwachstumsrate 116

Ultrafraktionierung 3
Unterhautbindegewebsfibrose 61
Urin, menschlicher, bei Tumoren 60

Venoruton® 48
Verfettung 6
Verschlußsymptomatik 83
Viscositätsverlust 48
Vitamin C 47
Vulnerabilität der Haut 23
Vulvacarcinom 23

Wachstumskinetik 15
Walker-Carcinosarkom 3, 8, 13, 15, 18

Zelle, Strahlenwirkung auf die 7